EXPLOSIVE GROWTH
爆炸性成長

100 MILLION USERS
A FEW THINGS I LEARNED WHILE GROWING TO
–AND LOSING $78 MILLION

一堂價值一億美元的「失敗課」

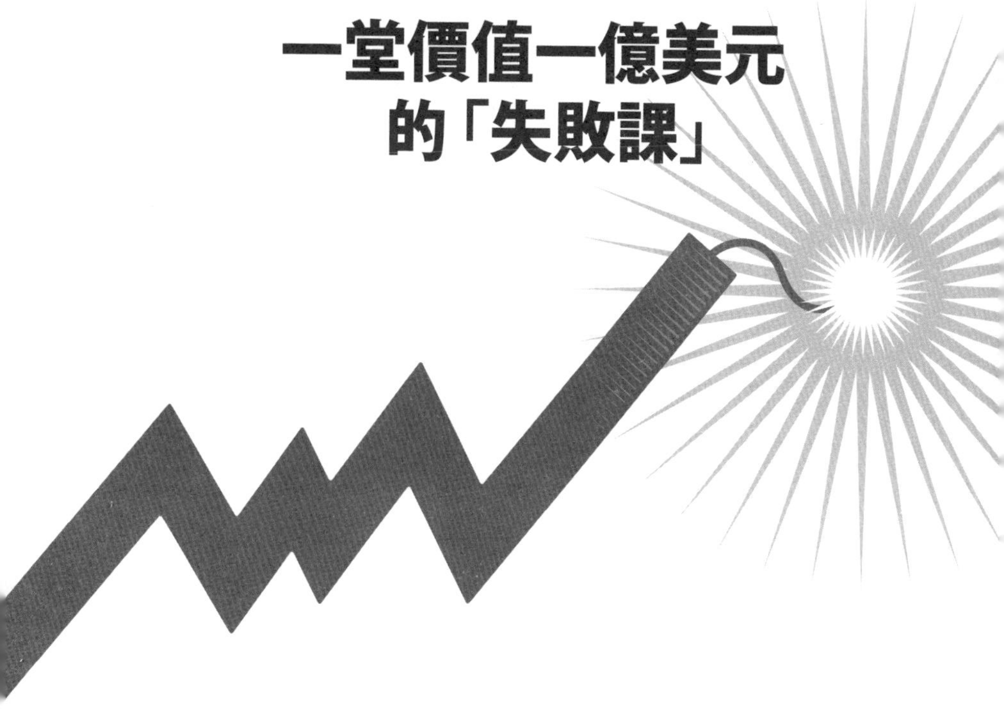

CLIFF LERNER
克里夫・勒納
実瑠茜——譯

「我父親送給我最好的禮物，就是他信任我。
這也是所有人都可以送給其他人的禮物。」

——ＮＣＡＡ男子籃球錦標賽冠軍隊伍，北卡羅來納州立大學狼群隊總教練，
吉姆．瓦爾瓦諾（Jim Valvano）

謹以這本書獻給我的父母親。
沒有他們的幫助、支持和信任，這一切都不可能會發生。

各界推薦

我是一個連續創業家，共開設過六家公司，經驗豐富而且還跨足了很多領域，但，公司大多數都以失敗收場，只有兩家成功持續獲利至今。有幸第一時間看完這本實用的創業智慧小書，感慨萬分！如果早一點看到這本書，之前失敗的那四家公司會不會有不同的結局呢？答案是肯定的！

這本書，可以把它當作您創業過程中，想要爆炸性成長的參考手冊，當您不知所措或是有所迷思時，也許書中的幾個觀點，就能幫您少走幾年創業彎路，購買本書的成本就能值回票價數千數萬倍，是一筆非常值得的投資，ＭＪ五顆星真誠推薦您！

——林明樟／連續創業家暨兩岸跨國企業爭相指名的財報講師

商業經營最好的學習從來都來自於失敗。只是呢，自己經歷失敗的代價是無比慘重的，但若我們有機會站在別人的處境中，理解他過程的決策、考量、以及經歷過的心情與想法，我們也能有效拓展自己的認知邊界。這本書是一場戲劇性的成功與失敗，會讓有心想理解商業經營的朋友產生新的體驗。

——張國洋／《大人學》共同創辦人

從一開始拜讀《爆炸性成長》，就欲罷不能無法停止，我用一整天的時間將這本書讀完，而且許多章節又重複閱讀了好幾次！它是一本高潮迭起的科技公司十年興衰史，更是真真實實在創業路程中，打滾拚搏的苦撐日記。作者克里夫・勒納毫不掩飾自己在過程中的糾結與錯誤，更善用他高超的「數據分析」功力，將所有經歷徹底抽絲剝繭地分享，讀來特別有滋有味。誠摯推薦給正同樣水裡來火裡去、泥巴裡打滾的創業同路人！

——凱若 Carol／暢銷作家、居家創業者

如果你問世界五百大企業 CEO 他們目前最關注的問題是什麼，你會得到一致的答案：「成長。」

能持續成長的企業才能在這個多變的世界中存活，本書作者將他創業過程所學習到的成長經驗寫成八十個爆炸性成長訣竅，談論的不僅僅是市場策略，還包含十倍好的產品、更有效的商業模式與行銷操作，更提到挑選員工與打造企業文化的重要性。如果你是創業者，或正在為成長而煩惱的企業主與專業經理人，絕對不要錯過這本書。

——游舒帆（Gipi）／商業思維傳教士

作者跟我有類似的背景和經驗，都是金融投資分析師出身，也都掌握Facebook快速成長的紅利，我讀了非常有共鳴，心有戚戚焉。從本書可看到一位創業家，如何看到機會、面對挑戰、克服難題，做出關鍵決策，以及爆炸性成長帶來的痛苦與學習，甚至是失敗和後悔的經驗。作者從他的創業歷程，彙整了八十個爆炸性成長的訣竅，不管是創業者，或者是工作者，這些經驗絕對會有所啟發。

——謝銘元／iFit& ECFIT 雲端 CRM 創辦人

一間新創公司從無到有，在經營的過程中會經歷很多不同階段，要如何抽絲剝繭找到真正重要的事情並避免犯錯？我想這對幾乎每一位創業者來說，都是最大的挑戰。本書對於如何打造成長引擎，提出了幾個核心的根本問題：產品是否獨特、人們是否討論、用戶是否留存重複使用，並明確描述了用戶推薦等指標的重要價值。這對每一位創業者來說都是重要的提醒，在爆炸性成長的目標中，我們仍須回到本質。

——龔建嘉／鮮乳坊創辦人

目錄

序言／

沒有任何成功路徑是完全相同的

——達雷爾・勒納／SNAP Interactive 共同創辦人、Allpaws.com 創辦人

試想一下，有一天你早上醒來，發現新聞一直在報導你創立的新創公司，先前沒有什麼人知道它。在努力工作、投資宣傳失敗多年後，你們公司的預估市值在一夕之間增加了十倍，投資人突然認可你的成功，開始對這家公司投注資金。幾個星期內，光是靠著幾通電話和那些想與你聯繫的媒體，你就募得了近一千萬美元。聽起來像是做夢或電影裡才會出現的情節，對吧？嗯，這個瘋狂的故事確實發生了，身為 SNAP Interactive 共同創辦人和克里夫的兄弟，我有幸全程參與。

有時你遇見一個人，就可以立刻看出他有多聰明，克里夫．勒納就是其中之一。他是個天才，思維模式和一般人截然不同，我願意為他出色的分析能力掛保證。

二〇〇七年，Facebook 推出他們的 App 平台，提供了免費接觸數億名用戶的機會。這使得那些聰明人把行銷、用戶參與（engagement）和分析數據巧妙地結合在

一起，就像克里夫一樣。憑藉過去的分析師資歷，克里夫對新的 Facebook 平台運用自如，如魚得水。他實行了一套近乎完美的測試、最佳化，以及病毒式行銷的策略，讓我們的產品很快就擁有數百萬名用戶，公司的成長速度遠超乎預期。因為這種爆炸性的成長，克里夫面臨了許多挑戰，也犯了幾個無法避免的錯誤。他因此損失了七千八百萬美元，這也使整個故事變得扣人心弦。

《爆炸性成長》中講述的不是持續飛躍成長、直至成功，也不僅僅只是舉出一大堆成長策略，沒有交代來龍去脈，或缺乏實際應用（這樣的書任何人都寫得出來）。所有幫助我們累積一億名用戶的行銷策略、公關技巧和病毒式行銷手法，都囊括在這本書裡。

然而，他從艱難時刻學到的教訓，以及面臨突發狀況時的決策，可能是更有價值的部分。

一家公司的成功不是源自於一個構想或公式，而是實際執行。沒有任何成功路徑是完全相同的；在每一個關鍵時刻，你都必須做出決策，這些決策將影響並形塑公司的未來。本書裡提到的各種策略，再加上 SNAP Interactive 這一路走來，關鍵決策背後的思考過程，一定可以幫助所有創業家把公司經營得更好。

當我和克里夫共同創立 SNAP Interactive 時，我們都抱持著樂觀的態度。但我從來沒有想到，幾年後，我們會受邀為納斯達克股市（NASDAQ）敲開盤鐘*；《商業內幕》（*Business Insider*）向大眾介紹我們公司，或是和家人在彼得．魯格（Peter Lugers，紐約最好的百年牛排館，榮獲米其林一星）一起享用晚餐時被人認出來，說他們「剛在報紙上讀到我們這兩位軟體創業者的相關報導」。

克里夫的故事實在令人難以置信，我對這一切非常了解，因為我也身在其中。

*譯註：一九九〇年代，敲鐘成為納斯達克和紐約交易所的日常儀式，受邀出席敲鐘儀式不僅是事業成功的象徵，還能提高曝光率。

前言

「讓你的人生成為值得一說的故事。」

——「鉛筆的承諾」（Pencils of Promise）*

創辦人，亞當．博朗（Adam Braun）

* 譯註：「鉛筆的承諾」是專門在開發中國家興建學校、推廣教育的非營利組織。

那天是二〇一〇年十二月二十二日，在各式大型的節慶派對結束後，大多數公司的辦公環境正逐漸復原（人們在派對上喝了太多酒、說了太多不適當的話，然後感到懊悔萬分）。不過，我們公司——SNAP Interactive（網路交友App，AreYouInterested?〔簡稱AYI〕的開發者）的辦公室並非如此。我們心裡想的是別的事。

我不記得那天彭博新聞社是幾點打電話給我的，但我對接下來發生的一切都記得很清楚。

當我一接起電話，那位記者就突然跟我說：「我有一個簡短的問題想問你們。這聽起來或許有點奇怪，但你們是不是在某個人的車庫裡工作？」

突然被問這種詭異的問題，讓我有點措手不及。「當然不是，」我回答，「幾個月前，你來過我們位於紐約市第七大道三十街的辦公室。」我向他仔細說明：「當時，你要求直接與我們的員工接觸，並且確認資料來源是否屬實。因為你覺得，這或許能夠寫成一篇報導。那時你還說，在被埋沒的上市公司當中，我們也許是最棒的。」

那位記者對我的解釋表示同意，接著再次跟我確認：「好的，我只是想確定，你們沒有基於某種原因，把辦公室搬到某個地方的倉庫裡。」

「不，我們絕對沒有這麼做。為什麼你會這麼問？」

「當我沒說，」他要我放心，「只要記得留意明天的新聞就好。」

在聽到他掛上電話的聲音之後，我開始有點忐忑不安——好奇、期盼，以及些許緊張的情緒交雜在一起。

十二月二十三日

隔天早上，當我醒來並在網路上瀏覽新聞時，我在彭博新聞上注意到一則十分詳盡深入的報導，報導的標題是「透過 Facebook 好友尋找戀愛對象，促使交友 App 快速成長」。

這是一篇不錯的報導，內容對我們公司讚譽有加，不僅說明了產品的獨特性，也提到我們運用各項先進指標，為用戶提供最佳服務。然而，文章中最引人注意的地方，是 IAC（另一個交友網站 Match.com 的母公司）前執行長葛列格里・布拉特（Gregory R. Blatt）所說的這段話：

「AreYouInterested? 是一個用來和異性打情罵俏的有趣 App。他們公司有幾個人在一間車庫裡工作。反觀我們公司，我們有數百位工程師，盡可能地擴展事業規模。這需要高深的技術、龐大的數據和廣大的社群。」

不管這段評論是一種冷嘲熱諷，或是他真的以為我們在車庫裡工作，對我而言，這一直都是個謎。我覺得他會這麼想，根本就是搞不清楚狀況。即便如此，我心中還是有個很大的問號。

一位產業領導者這樣奚落我創立的新創公司，我該有什麼反應？我思考了幾種可能性：

- 我應該感到高興嗎？畢竟 Apple 就是從賈伯斯父母親的車庫起家的。
- 我是否應該反擊，嘲諷 Match.com 規模太大，無法針對用戶的需求，做出必要的回應？
- 我是否應該為布拉特精心策畫，在他們公司的辦公室來場《動物屋》（*Animal House*）* 裡的那種惡作劇？（但在我們公司，我找不到像約翰．貝魯西〔John Belusi〕這樣的人，可以執行這項毫無意義的任務，或對它有點興趣。）
- 又或者，我應該表達我無盡的感謝？

儘管致謝似乎不太自然，但我最後還是選擇這麼做。就接下來發生的一連串事件來看，這是個適當的選擇。

無論布拉特的評論是出於何種理由，重點在於，AYI已經顯示出成功的跡象。這位產業領導者用這種方式挖苦我們，不難看出，他對我們的存在有些在意。

在那則報導被刊登出來之前，我們公司的股票是極度缺乏流動性的「水餃股」（penny stock**），前一天的成交量甚至是零。沒錯，也就是說，完全沒有任何交易。十二月二十三日，在收盤鐘響時，我們的股價迅速地從每股零點二美元上升至每股零點五美元。這是一個不錯的現象，尤其當它可能是受到那篇文章刺激的時候（布拉特的那些評論無傷大雅），這肯定值得關注，但好戲還在後頭。

* 譯註：《動物屋》是美國喜劇片，劇情講述費伯大學中被兄弟會拒絕的學生，在高年級學生布魯托（約翰·貝魯西飾演）和艾瑞克的帶領下惡搞搗亂，把大學校長和兄弟會逼到忍無可忍的地步。

** 譯註：是指市值在一美金以下的股票。

十二月二十四日（聖誕夜）

隔天是聖誕夜，所以股市休市，新聞也不多。因為沒有什麼其他能報導的事，關於我們的新聞又持續發酵了一段時間，那篇文章被一些一流媒體，像是《洛杉磯時報》（*L.A. Times*）轉載。實在很難想像，他們會覺得洛杉磯市實在沒有什麼大事好報，寧可刊載我們這家位在千里之外的小型科技公司的相關報導，但這確實發生了。滾雪球效應正式啟動。

十二月二十六日

那一年的聖誕節是周六，因此，十二月二十六日是周日。這意謂著，從AYI的專題報導被刊登出來，股市已經休市了三天。

一則極其吸睛的新聞報導反覆出現，颳起一陣旋風，並且創造出一支熱門股。

然而，當時正值連假，沒有人可以進行交易。

十二月二十七日

二十七日（周一），我回到公司上班時，一切都一如往常，除了這件事以外——我的辦公桌上有一張字條，說CNBC財經台的王牌財經主播瑪麗亞·巴蒂羅姆打了電話來，她希望我盡速回電。

一開始，我不確定這則訊息是真的，還是某種無聊的惡作劇，因為瑪麗亞·巴蒂羅姆播報的都是最重要的財經新聞。在打開電視，並在網路上讀了幾篇全美各地的報導後，我才發現，AYI是那天的頭條新聞！在收盤前，我們的股價竟然竄升至每股一點五美元。兩天前，我們的成交量是零，就算是前十天的成交量加起來，總共也只有十三股，結果現在居然在一天內，就成交了兩百四十九萬五千股！接下來還會發生什麼事?!

十二月二十八日

滾雪球效應愈來愈強，全美各地的電視台都報導了我們的新聞。

二十八日那天，亨利．布拉傑特（前著名華爾街分析師與《商業內幕》創辦人）寫了一篇關於我們的文章，提到他還沒有仔細研究我們公司，但目前我們的營收數字看起來很漂亮。ＡＹＩ變得非常炙手可熱，所以即便他對我們一無所知，他還是必須報導我們的事，不然就會顯得跟不上時事。這件事甚至也引來彭博電視台和ＣＮＢＣ財經台更多的報導。

十二月二十九日

此時距離我們接到那通詭異的電話，問我們是否在某個人的車庫裡工作，還不到一星期的時間，我們公司的股票成交了三百六十萬股，成交量成長超過１５００％。是該大肆慶祝一番的時候嗎？我並不這麼認為，心中反而因此出現了另一個大問號。

身為一家新創公司的共同創辦人，公司股價在一夕之間呈現指數型成長，我該做些什麼？我又再度思考了幾種可能性：

• 我是否應該開一瓶五百美元的香檳，然後立刻把當紅歌手小賈斯汀叫到奢華郵輪上，準備來場豪華派對？

✸我是否應該去拜訪我高中時最討厭的老師，拿一疊百元美鈔往他臉上搧？

✸也許我應該開著一台閃亮的紅色法拉利，經過前女友家門口，車上還載著一位神似超級名模蘇菲亞．維加拉的性感辣妹？

✸又或者，我應該說「噢，這真是太驚人了」，然後忍不住擔心我們公司的成功能否持續？

出乎意料的是，我並沒有欣喜若狂或大肆慶祝。對我而言，顧慮公司的長期發展和那些協助我把公司建立起來的人，是很正常的事。我擔心我們能否保持專注。可惜啊，我沒找小賈斯汀開私人演唱會，也沒有拿鈔票砸我討人厭的高中老師。

我自然而然地擔心起我的小團隊，這十到十二個能力出眾、辛勤工作的成員，對我們公司的成功有很大的幫助，他們和我一樣有滿腔熱忱，當年可是一起從零開始進行產品開發。若他們的注意力會因此從眼前的要務上轉移，可就不太好了。

我擔心我們會喪失創新的動力，不再比其他公司更努力工作，最後迷失了方向。確實也有那麼一陣子，我們位於紐約第七大道三十街的辦公室變得一團混亂。大家工作時心不在焉，邊上班邊盯著股價瞧。不過這怎麼能怪他們呢？因為他們大多數人都從股票獲得了巨額利潤，其中有幾個人甚至在帳面上成了百萬富翁——不，是千萬富翁。我們變成華爾街最熱門的新聞！這一切實在是太過瘋狂，所以我必須徹底禁止員工在上班時看CNBC財經台，以及瀏覽所有的財經網站。

我後來才知道，這其實是最輕鬆的部分。接下來工作和情緒上的劇烈變化，足以在為期三周的正念靜觀訓練裡，考驗達賴喇嘛堅定的意志。

我們抓住了機會，過程中也有些許遺憾，最後取得了成功。然而，最重要的是，我在這段時間學到的教訓對我極為受用，想要跟你們分享。

1 我在雷曼兄弟工作時的領悟

「到最後，不是我們做過的事，
而是沒有去做的那些事，讓我們感到懊悔。」
——無名氏

二〇〇〇年，我從康乃爾大學應用經濟與企業管理學系畢業。在修完所有課程之後，我獲得在雷曼兄弟（Lehman Brothers）全新股票部門工作的機會。那時，雷曼兄弟是美國最熱門的投資銀行，每個人都想在那裡工作。

從表面上看來，對一位剛從大學畢業、想進大公司上班的年輕人來說，這似乎是個大好機會。

雷曼兄弟希望我馬上開始工作，聽起來很棒，對吧？

但我不這麼覺得，因為我原本計畫畢業後，和朋友們到歐洲旅行兩個星期。我非常期待這一輩子只有一次的機會，去看看這個世界，體驗不同的文化、欣賞令人嘆為觀止的景致。因此，我滿懷著常春藤名校畢業生的自信，天真樂觀地問雷曼兄弟說，我能否在開始上班前，先放兩周的假。他們應該會爽快地答應吧？反正新進員工都會參加分析師培訓課程，一個月後才會正式開始工作。

遺憾的是，雷曼兄弟並不這麼想。他們告訴我：「你必須明天就到這裡來，否則我們會把你的工作讓給別人。」原因在於，他們剛成立一個全新的部門，那個部門目前只有一個人，他們認為我正好可以補這個人的不足。所以公司強烈希望我立刻開始上班，突然間，我那股自信樂觀被失望不滿的情緒取代。

絕對可以晚點再讀的八百頁資料

一開始，我以為我無論如何都會到歐洲旅行，但我的父母親馬上就讓我「回到正軌」。儘管這樣做有點卑微，我還是決定將這一切拋諸腦後，乖乖在雷曼兄弟指定的日期報到。然而，當我到了辦公室，我既沒有椅子和辦公桌，也沒有電腦可以使用……於是，失望不滿的情緒又繼續滋長。

幸好他們很快就給我椅子坐，但電腦和辦公桌卻足足等了兩個星期，我的天啊！這段時間，我本來可以在羅馬的街道上漫步尋找全世界最棒的義大利餐廳，或是在巴黎欣賞艾菲爾鐵塔壯觀的景致。結果，他們卻要我逐字閱讀八百頁的Microsoft Excel操作手冊，直到他們把電腦裝好為止。他們根本早就知道，辦公室一切準備就緒其實得花上一段時間。

即便上班日缺乏彈性令我有點煩躁，我還是堅持下來，並且充分利用時間。我漸漸開始感謝這種緩慢的步調，因為能夠順暢地操作Excel、了解事業經營的各項細節，對我十分受用。

事實上，我因為精通Excel而頗受公司喜愛：可以將過去需要花費數小時才能完成的工作自動化，使我脫穎而出。因此，最後我覺得這兩個星期的努力是值得的。

那時，我是產品管理團隊的一員，職務包含支援所有的資深產品經理、遊說客戶投資，以及在下午召開研究會議（我很喜歡做這件事）。我和許多不同產業的分析師交談，了解並觀察，為什麼某些公司連續好幾年表現亮眼，某些公司卻表現平平。

這份工作說起來非常適合我。我的祖父很久以前在華爾街是個赫赫有名的人物，他甚至曾經提供投資報告給華倫．巴菲特參考，在我還小的時候，他就讓我開始接觸股票交易。不過，如果這份工作在兩周後開始會更好，但這一切都過去了。

真的是這樣嗎？

悲傷的場景

二〇〇五年，雷曼兄弟將我升到一個十分重要的職位，在這個職位上，我每天早上和下午都會召開研究會議。因為早上的研究會議會在所有分行的電視牆上播放，我在全公司的能見度是最高的。問題在於，這使我宛如一位隨傳隨到的醫生。

我整個晚上都必須留意發生了什麼新聞，這樣才知道隔天早上的研究會議要談論哪些股票。因此，我不僅為了搶先掌握情報，得每天早上五點半上班，還得整晚待命。

儘管我很喜歡這份工作，也很喜歡我周遭的人，作為一個住在紐約的二十七歲單身漢，我不認為這是理想的生活方式。當時我住在第四大道十三街一家人聲鼎沸的夜店對面，那是一切痛苦的來源。他們多半因為喝醉酒或嗑了藥而吵吵鬧鬧，我還記得每天早上五點都和這些夜店咖搶計程車，只差在他們是要搭車回家，而我則是憂鬱沮喪地準備搭車上班。

另一個悲傷的場景是每當我去約會時，總是得在晚上八點半到九點左右就開始看手錶、打哈欠說：「今晚很開心，但我現在必須回家上床睡覺了，因為幾個小時後就得起來了。」當然，會有這種情緒波動是因為我資歷尚淺，而這股不滿，或許比我剛發現自己無法去歐洲旅行時還要強烈。

很顯然，我所做的一切無法滿足我想要創新的慾望、改變世界的熱情，以及對旅行的愛好。有時候，人們會從奇特的地方獲得啟示。以我為例，在那個對未來產生重大影響的夜晚，我就是從《上班一條蟲》（*Office Space*）這部風靡一時的電影得到啟發。《上班一條蟲》是九〇年代後期一部很棒的電影，劇中將令人極度鬱悶的企業文化描繪得淋漓盡致。

《上班一條蟲》給我的啟示

當我看到男主角彼得與他的妻子和心理醫生說話時，我頓時獲得了啟發。他其實心裡很討厭他的妻子，但比起她的所作所為，他更討厭自己的工作，他說了類似這樣的話：「從我開始工作的那一天起，一天比一天更糟。」接著，心理醫生問他：「那今天呢？你的意思是，今天是你人生中最糟糕的一天嗎？」彼得平靜地回答：「是的。」

即便我不曾像彼得那樣絕望，但依然發現，我不停地拿他的處境來和自己做比較。我想要自己當老闆，而且老天知道我有多想去旅行！我年紀漸長，當歲月不斷流逝，想改變的壓力也日漸增長，我終究希望能掌控自己的命運，但需要一個讓這一切實現的構想。

當時在辦公室裡，我坐在兩位迷人的女性業務員中間（是的，那個時候，我已經有辦公桌、椅子和電腦）。她們會在下班後和客戶碰面，跟他們分享投資策略和選股建議，這是她們工作的一部分。她們兩位都單身，我也注意到她們白天常出現在 Match.com 上。

和客戶有約時，她們都會盛裝打扮，希望能獲得對方的青睞。然而，這些會面經常取消，所以她們會登入Match.com，試圖尋找當晚的約會對象。遺憾的是，這個網站無法做到這一點。那個年代，要在網路上找到一起出去約會的對象，必須經歷一段漫長乏味的過程，通常像是這樣：

1. 瀏覽無數個符合搜尋條件的個人檔案。
2. 寄電子郵件給某個看起來不錯的對象。
3. 如果幸運的話，你會收到對方的回信——這就像是在網路交友的世界，抽到頭獎一樣。
4. 在接下來的幾天裡，你們有一些信件往來。
5. 若是一切進展順利，沒有人說了什麼愚蠢的話或分享什麼不適當的圖片（男性常做這種事，但大多數人都沒有察覺），你們也許會排定通電話的時間。
6. 幾天後，電話響了。在一個小時的通話過程中，你們找出共同的興趣，然後可能會在下個周末排定一次約會。

要和某個人一起喝杯咖啡或參加迷你高爾夫球課程，都必須經歷一段漫長的過程。整體而言，要和某個人出去約會，往往都得花費幾天，甚至是幾個星期的時間。基於網路交友產業這個令人難以忍受的缺點，創新的念頭開始在我的心中啟動。

分別並非總是甜蜜的哀傷

如果這兩位聰明、迷人、專業的女性有需要臨時尋找約會對象，卻遍尋不著，代表有這種潛在需求存在。於是，我有了這樣的構想：我可以創立一個線上交友網站，為忙碌的專業人士服務——他們無法為了和某個人出去約會，花上幾天或幾個星期的時間來回通信。

爆炸性成長訣竅

在整本書裡，你都將看到名為「爆炸性成長訣竅」的重點整理。你可以在社群媒體上透過「**@ExplosiveGrowthCEO**」和「**#ExplosiveGrowthTip**」關注它們。此外，我也建立了一個「**爆炸性成長測驗**」，幫助你判定你們公司是否已經準備好迎接爆炸性成長。想了解更多細節，請到 **http://www.explosive-growth.com/quiz** 進行測驗。祝你好運！

找出某件執行效率很低的事，並且創造出讓它變得容易許多的解決方案。這個方案比原本的做法容易十倍，卻能達到同樣的效果。你們的產品有做到這一點嗎？

在我獲得啟發後的隔天早上，就跑到我上司的辦公室裡，跟他說我要離職了。他開始大聲咆哮：「你瘋了嗎？我們才剛讓你升職耶！」我把離職通知書遞給他（我有提前兩個星期告知），然後就走了出去。直到我要離開的那一天，他才開口跟我說話，但那時他已經徹底抓狂：「你他媽的是認真的嗎？你不可以就這樣走掉！你多少應該展現一點你對我們的忠誠吧？」

基於某種理由（或許是因為害怕他的血壓飆破表，頭部血管會爆裂噴血），我答應他多留幾個星期，幫他訓練一些新人。

在那段日子裡，他不停地斥責我、問我為什麼想離職。我告訴他，我想要自己創業，但同時也希望有時間去旅行。在被問了無數次同樣的問題之後，最後我跟他說，我必須先休息六個月，然後才可能考慮再次為他工作。老實說，我覺得六個月足以讓我展開新事業，並且看看自己能走多遠。不過，我不打算告訴他這些。

幾個星期後，到了要離開的時候，我跟所有的同事道別、擁抱，並清空我的辦公桌，當我準備離開辦公室時，他又試著留我。

「好吧，」他說，「我跟一些人聊過了，我不會讓你離開。這裡有一張紙，你想要什麼就寫下來。」我冷靜地寫下「**休息六個月**」這幾個字，甚至還用斗大的字母拼寫出來，方便他閱讀。他看到又再度抓狂，先是大聲咒罵，接著把電話摔到牆上，並對著我大吼：「給我滾出這裡！我可是有權力付你更多薪水的。我要讓你永遠都無法再在華爾街工作！」

唉，我在雷曼兄弟工作的時光就這樣結束了，我再也沒有跟他說過話。不久後，我就坐飛機前往歐洲旅行了幾個星期。

多準備一倍的資金

在與其他創業家和朋友們接觸之後，我學到很多關於創業的事。我清楚了解到，人們最常犯的錯誤就是，嚴重低估創立一份新事業並獲得市場認同所需要的資金。

假設你認為，為了維持公司正常營運十二個月，你需要十萬美元的資金。若是你沒有在一開始的六個月立刻取得成功，會發生什麼事？這表示後面六個月的時間，你沒有給自己預留任何準備金，你也會為了努力維持下半年營運的平衡，累積龐大的壓力。你一邊試圖拯救自己的事業，同時可能也一邊尋找下一份工作，這會使成功變得更加困難。如果兩者都失敗，你就只能流落街頭了。

我不想這麼快就擔心自己的注意力會從新事業轉移，所以無論事前如何仔細評估，我還是多準備了一倍的資金。幸運的是，在雷曼兄弟工作的經驗教會我許多關於股市的事；我想出一套股票交易方法，用來支撐創業初期的生活。那是一套簡單的自動量化交易系統*，它發揮了很大的功用，讓我三年半都不需要付任何薪水給自己。

爆炸性成長訣竅 2

計算出你創立公司需要多少資本後，請多準備一倍的資金。

* 譯註：又稱為程式交易，是指將股票交易規則寫成程式，再利用電腦下單。不僅將交易過程自動化，也藉由歷史資料驗證，找出有效的回測績效，並在後續透過該交易策略進行交易。

爆炸性成長訣竅 3

預先為最壞的狀況擬定計畫，把未知化為已知。你將會發現，情況很少像你想的那麼糟。你是否有做好這樣的計畫呢？

做好準備，而不是驚慌失措

對未知感到恐懼會帶來不好的影響。為了避免恐懼，人們傾向做出次佳選擇，而不是為將來做好準備。有一個不錯的做法，那就是預先設想所有可能會遇到的問題，思考萬一它們發生時，該採取什麼行動，並且將這些行動方案寫下來。

簡而言之，你已經在腦海中預演過這些情境。若是它們真的發生了，儘管還是很令人討厭，也不會那麼可怕，因為你已經事先設想過，並決定要採取哪些因應措施。你不需要驚慌，只要啟動你的計畫就好，如此一來，即便處境艱難，你也不會經常在凌晨三點醒來，嚇出一身冷汗。

我的兄弟達雷爾創立了一家名為 AllPaws 的公司，這家公司經營得十分成功（我之後會再做詳細說明）。過去曾經有段時間，公司的可用現金日漸減少，他不知道自己能否募得額外的資金，或是為 AllPaws 成功找到一條出路。當時，他就進行了這種準備。

他事先擬定詳盡的計畫，列出遭遇最糟狀況（同時還只剩下一個月的可用現金）時要採取的行動，這些行動方案包含：

- 他會和哪些公司交涉，把資料庫賣給他們。
- 他會要求哪些廠商提供折扣或免費服務。
- 他會試著和哪些合夥人重新商議分潤事宜。

他知道這些選項並不是非常吸引人，但他至少把劇本準備好了。如果真的不幸遇上了，他只要照著劇本執行就好，而不是在必須保持冷靜沉著、頭腦清楚的時候，被擔心、緊張、沮喪給壓垮。幸好這一切並沒有發生，最後達雷爾接受一家產業龍頭收購，成功為AllPaws找到一條出路。

少繞一點路

我和我的兄弟達雷爾共同創辦了一家公司，這家公司一開始叫做eTwine Holdings Inc.。幸運的是，我們各自的技能為公司創造了一些優勢：達雷爾有深厚的法律背景，我則有在華爾街工作的經驗，這使我們得以經由「自我申報註冊」*的方式，讓公司的股票上市。

鮮少有公司這麼做，因為這不是透過承銷方式來進行的首次公開募股（Initial Public Offerings，簡稱 IPO）**，意謂著你不會募得可觀的資金。此外，你還必須具備法律和會計方面的專業知識，才能將它完成。

當我從歐洲回來後，我們就火速展開行動——把網站架設好並開始營運、取得用戶，然後產生收益。整體而言，我們總共花了五個月左右讓公司上市。

IAmFreeTonight.com（簡稱 IMFT）

我們一開始建立的網站名叫 IAmFreeTonight.com，我們的目標是把找到約會對象這件事，變得比其他線上交友網站容易十倍。用戶不需要為了排定約會，花費幾天或幾個星期的時間來回通信。他們只要回答幾個問題：他們想要在何時、何地跟

* 譯註：Self-filling Registration，指透過非 IPO 和反向併購的方式，尋求公司股票上市交易的過程。自我申報註冊可以藉由轉售股東持有的股票來完成，這種上市方式費用較低、法律與財務風險較小，也能夠避免股份被過度稀釋。

** 譯註：是公開上市集資的一種類型，私人公司藉由這個過程轉化為上市公司。

誰做些什麼。接下來，他們就可以快速搜尋附近符合這些條件的單身人士。

在用戶回答完這些基本問題之後，我們也會將符合條件的個人檔案寄給他們，希望幫助他們更快排定約會（比其他平台都還要快）。比方說，我可以說我這周六晚上有空，想要在晚上八點、和一位二十五到三十五歲、住在曼哈頓的女性一起去聽音樂會。只要我把這些條件輸入系統，這場約會潛在人選的個人檔案就會湧進我的電子信箱。

我一直對我們的產品很有信心，它十分獨特，足以大受歡迎。因為我們和其他交友網站的關鍵差異在於，我們會依照用戶有空約會的時間進行配對。畢竟，交友網站的主要價值主張，是幫助單身人士找到約會對象，因此，如果我們做到這件事的速度比其他網站快上十倍，我想我們應該會蔚為風潮。

網路交友令人感到恐懼與難為情

那時是二〇〇六年，網路交友還是一個很新的概念，有許多未知的領域等待探索。這個產業成長了不少，但也存在很多阻礙，其中最大的兩個阻礙，是對網路交友感到恐懼與難為情。

基於安全顧慮，人們害怕和他們在網站上認識的人見面，也因為整個網路交友產業都被視為一種禁忌，大多數人都對此感到尷尬，沒有人想承認自己有在使用網路交友服務。

對我而言，安全顧慮極其荒謬，因為當人們用老派的方式，隨機和某個在酒吧碰到的人搭訕，他們見到的不也是一個完全不認識的陌生人嗎？相比之下，至少網路交友包含了像是IP位址和電子郵件等數位足跡在內，讓人有跡可循，而面對一個隨意在酒吧裡認識的人，你根本無法追蹤對方是誰。

或許當今人們對於「共乘」的司機也抱持類似的看法。現在的媒體經常報導，某某Uber或Lyft的司機不僅是被十五個州通緝的罪犯，還喜歡在閒暇時間虐待小動物等負面新聞，搞得好像共乘的司機都很糟糕。事實是，這世界上有很多糟糕的計程車司機，其中不是開Uber或Lyft的人可能還更多。

硬要把共乘和肢體暴力扯在一起，根本沒有任何意義。同樣地，對我來說，對網路交友疑神疑鬼、抱持全然負面的看法，也是件毫無意義的事。但沒有關係，這仍然是我們必須解決的問題，為了消除人們對網路交友的恐懼，我們推出了一項新功能，它叫做「僚機」（wingman），也就是協助別人約會的助攻或後援。

「僚機」功能

「僚機」功能是這樣運作的：用戶把朋友加進他們的個人檔案裡，讓他們扮演「男僚機」或「女僚機」的角色，這代表他們想以群體的方式，和其他單身人士見面。接著，他們就能夠搜尋其他類似的群體，一起進行團體約會。

這是一個很簡單的概念，卻能使網路交友最棘手的問題──「恐懼」得到有效緩解，因為待在群體裡比較安全。「僚機」可說是一種病毒行銷的方式，因為人們必須把朋友們組織起來（這些朋友得有自己的帳號），才能從中獲益。

那時，Match.com和奇摩交友（Yahoo! Personals）是最大的兩個交友網站，但他們完全沒有獨特之處。作為一家新創公司，我知道我們沒有雄厚的資本，但我們必須設法快速成長，所以推出了這項獨特的功能，藉此刺激成長。因為有了「僚機」功能，我們可以有效消除對網路交友的恐懼感，我們是第一家能這麼做的公司，在當時蔚為話題。

在推出「僚機」功能後不久，我們開始被一些一流媒體報導。《今日美國報》中刊登關於我們的專題報導；我們在當時廣受歡迎的晨間脫口秀《邁克與茱麗葉》中露臉，甚至也在另一個人氣極高的節目《傑拉爾多脫口秀》中成為受訪來賓。

《傑拉爾多》的製作團隊覺得我們的交友網站很有趣，非常適合正在旅行、孤單、想尋找戀愛對象的商務人士，因此，整集節目都在紐約市的聯合廣場拍攝。他們說，我們對旅行中常見的「轉機」狀況賦予了新的意義——這是他們的詮釋，和我們訴求的概念不盡相同，但總歸還是一次大型宣傳。

雖然我們確實因為「僚機」功能取得些許成功，也吸引許多媒體關注，它最後並沒有帶來我們所期盼的爆炸性成長。因為這項功能要求用戶邀請他們的朋友加入，等於強迫他們透露自己在使用線上交友網站。當時對大多數人而言，他們都還沒有做好承認的心理準備，依然覺得讓別人知道這件事很難為情。

被稱為「僚機 2.0」的 Tinder Social

在我們導入「僚機」的概念十年後，Tinder 也成功推出了「Tinder Social」。這和「僚機」是完全相同的概念，用戶們能夠在原始的 Tinder 模式（單獨一人）和社群模式之間來回切換。在社群模式裡，一群朋友可以搜尋附近的另一群朋友，並且約出來見面。這個構想棒極了，真希望我有想到它……噢，等一下，我的確有想到啊！這說明時機決定一切，但不見得要搶第一。

爆炸性成長訣竅 4

當時機不對時，「先行者優勢」*是不管用的。你是否曾經想過，過去那些構想、產品或功能會失敗，可能只是因為太早推出了，它們現在也許是可行的？

曼哈頓的達人

「了不起的人會變得愈來愈了不起。」

——「大師侃談」創辦人傑森．蓋納

我們是怎麼想出「僚機」這種獨特的概念，並且使用戶在幾分鐘（而不是幾天或幾個星期）就排定約會呢？答案是我們身邊有一群優秀的人才。儘管我和我的兄弟各司其職，但在草創時期，某些員工還是在我們公司的快速成長中扮演關鍵角

* 譯註：first-mover advantage，先行者優勢是指企業率先進入新興市場，或是在既有市場推出新產品或服務所獲得的利益或優勢。

色。

比方說，一位名叫吉姆．蘇普萊的朋友就是如此。他曾經在華爾街有稱頭的工作，但他也極具創業家精神，從公司草創時期就和我的家人很熟。最重要的是，他很信任我們，而且願意在一開始完全為了股票工作（因為我們付不起他的薪水）。

吉姆對我們早年的成功有很大的貢獻。他不但具備敏銳的觀察力和豐富的專業知識，還什麼事都做。即便吉姆負責領導我們的財務部門，任何工作只要能幫公司省下幾塊錢美金，他都願意做，而不會覺得「有失身分」。他甚至幫忙搬家具和粉刷牆壁。

對一家沒什麼錢的年輕公司來說，他的努力極為重要。他積極正向的態度和敬業精神樹立了榜樣，也鼓舞著這個成長中的團隊。

在公司能夠取得用戶並開始營利之前，我們需要一位軟體開發者依照我們的要求建立一個樣本，接著把網站架設好並開始營運。我們從推薦名單裡選了一家製作網站的公司，然後他們指派了一位工作人員給我們。我還記得，這家公司位於一間破舊的義大利麵工廠地下室，雖然感覺很古怪，而且還花了點時間，他們最後還是把網站做出來了。

初始，基於某些不明原因，我們網站的樣本設計時程不斷延遲，對方只是一再告訴我們，他們正在努力製作。我們自然變得有點焦慮，直至三到四個月後，才接到終於可以看到樣本的通知，這消息真令人興奮。

經過了審慎規劃、仔細執行，並且認真投入時間和金錢後，我們總算有機會看看這個網站的樣貌——他們向我們展示了一些登入和登出的動作……就只有這樣，他們花了三到四個月的時間，就只做了這件事。即便這些登入和登出的體驗確實很不錯，他們甚至還向我們展示了第二次呢！

正因為如此，我們就像所有深思熟慮、高瞻遠矚的創業團隊一樣，感到十分恐慌。我們把自己的期望告訴這家公司，因為老實說，我們不知道這個樣本到底好不好。只知道一件事——如果這樣算好的話，我們就慘了。

幸好他們回過頭來跟我們說：「等等，我們這裡還有個功力厲害許多的人。」這次他們給了我們一張隱藏王牌——邁克．謝洛夫。他不僅自己一個人打造了IAmFreeTonight.com，之後還開發出我們的第一個 Facebook App。對我們而言，邁克是一個關鍵人物，他在很多方面都無可取代。最後，他成為我們公司的全職員工，他不但是我們的開發組長，同時也擔任技術主管的職務。在那之後，他又和我們一起工作了七、八年。

邁克救了我們，如果沒有他的專業知識和領導能力，在這緊要關頭，誰知道公司會發生什麼事？儘管團隊極為重要，但若是團隊裡有幾個能力特別出眾的成員，他們將讓一切變得完全不同。

如果你是一個運動迷，請試著想像以下情況：

- 若是一九九五至一九九六年的芝加哥公牛隊沒有麥可·喬丹和史考提·皮朋，他們的表現會如何？
- 若是二〇〇一至二〇一七年的美式足球新英格蘭愛國者隊沒有傳奇教練比爾·比利契克（Bill Belichick）和超級隊員湯姆·布萊迪（Tom Brady），他們會贏得五座超級盃嗎？

一個好團隊可以帶你走得很遠，但優秀的個人也能夠協助你度過難關。我不敢肯定，若是初期沒有吉姆和邁克的參與，之後那些很棒的事是否會發生，說真的，我幾乎可以確定它們不會發生。

爆炸性成長訣竅 5

你一開始僱用的員工會為你們的公司文化定調。盡快找到優秀的人才，並且謹慎地任用。你是否確信，你最近錄用的那些人能充分融入你們公司的文化？

2 早年從 I Am Free Tonight.com 學到的事

「我了解到一件事，那就是你失敗幾次並不重要，
你只要成功一次就好。」

——美國實業家、投資者、作家及電視名人，
馬克・庫班（Mark Cuban）

因為有幾個不可或缺的人辛勤工作，IMFT在二〇〇六年十一月架設完成並開始營運。我們獲得了一些用戶，在資金有限的狀況下，我們的成長速度算是不錯，但我還有很多事需要學習。

網路效應

累積了一定的用戶數後，我們意識到一件事，那就是「網路效應」對網路交友有多麼重要——也就是當愈多人使用一項產品時，它就愈有價值。舉例來說，當一位來自紐約市的女性在交友網站上註冊時，對許多用戶而言，可能會因此產生新的搜尋結果和連結。試想一下，如果Facebook、LinkedIn或其他社群網站的用戶只有你的幾位朋友，那應該不太好用吧。

網路效應對交友網站更加重要，因為只有在能和數千名用戶互動時，每一名用戶才能從中獲益。每當有一位男性或女性在IMFT上註冊時，其他用戶就可以查看新的個人檔案，甚至也可能和這個人出去約會。

網路效應也影響了線上交友網站的壽命。若是一個交友網站的用戶數完全沒有成長，網站上所有的個人檔案都和六個月前一樣，沒有人能從中獲益，因為所有可能的配對都已經完成了。既然如此，人們就沒有理由繼續使用這個網站。

我發現，如果不設法取得大量新用戶，我那些獨特的構想都將無法發揮功效。我必須引起人們的興趣、製造話題，並且舉辦各種活動。

我們不只需要數千名用戶，我們需要一百倍，甚至更多！然而，那時人們對使用網路交友服務感到難為情，讓這件事像是不可能的任務。

線上交友網站需要大量活躍用戶才能成功。若是它「只有」十萬名、平均分布在全美各地的用戶，光是經過最基本的年齡層、性別和地點等條件篩選，就會使大多數用戶只有不到一百筆的個人檔案可以瀏覽。如果再加上更詳細的搜尋條件，例如身高、血型、種族，能夠瀏覽的個人檔案其實可能所剩無幾。許多剛開始經營交友網站的創業家不明白這個問題，因為他們嚴重低估網站必須擁有多少活躍用戶，才能持續為使用者提供附加價值。

這也就是為什麼，市場領導者鮮少易主。在每一個獨特市場，通常都是贏者全拿的局面，因此Match.com、eHarmony*、PlentyOfFish.com、Jdate等網站，都已經

＊譯註：eHarmony 是美國著名的線上交友網站，二〇〇〇年由心理學博士尼爾・華倫 (Neil Clark Warren) 和其女婿葛雷格・弗爾蓋奇 (Greg Forgatch) 創立。他們用其他交友網站少見的科學方法，幫助適婚年齡的男女尋找終身伴侶，在十幾年間共促成兩百多萬對新人，其離婚率只有３・８６％，遠低於全美平均３０％的離婚率。

在他們的目標市場處於領先地位超過十年。即便每天都有新創公司推出嶄新、刺激，甚至更出色的功能，他們也很少獲得廣大迴響，因為網路效應的力量和贏者全拿的局面幾乎無法改變。

我們成功以「僚機」功能和網路交友的安全顧慮對抗，但人們仍然對使用網路交友服務感到難為情，因此問題演變成：如何在使用者不想承認自己使用這種服務的狀況下，讓網站成長？

從這個問題當中，我們學到許多關於行銷和營收成長的寶貴經驗。

丟進水裡的五萬美元

曾經有一位經驗豐富的夜店活動企畫人員，跟我們推銷一個獲取大量新用戶的特殊方法——花五萬美元參加春假宣傳活動。我們全力投入這項活動，因為一口氣針對核心目標族群裡的數千人行銷我們的產品，似乎是使活躍用戶激增的好方法，而這正是我們迫切需要的。

活動期間，直升機會在佛羅里達州的基韋斯特上空盤旋，他們會向群眾拋撒傳單，並且在空中寫下「I Am Free Tonight.com」的字樣。此外，穿著比基尼的辣妹也會四處走動，發送傳單。

我們砸了非常多資源，試著藉由大型宣傳活動讓用戶數倍增，但離奇的是，最後竟然沒有半個人在我們的網站註冊……沒錯，這五萬元的投資報酬率是零。不需要康乃爾或哈佛大學的文憑也知道，我們往後是不會想再用這種方式花錢行銷了。

爆炸性成長訣竅 6

學習怎麼將構想付諸實行時，盡可能地減少時間和金錢的投入。你心中是否有能把構想輕鬆付諸實行的計畫？

推薦書單

在整本書裡，我會推薦一些和我的成功密切相關的書籍，強烈建議創業家和業務主管也讀這些書。你可以在這裡找到所有我喜歡的商業類書籍：http://www.explosive-growth.com/best-bussiness-books。

推薦書單

彼得・席姆斯，《花小錢賭贏大生意》。

艾瑞克・萊斯，《精實創業》。

這次行銷策略失敗代價高昂、損失慘重，我們花了一些時間重整旗鼓，然後再度集思廣益，思考如何使用戶數成長，因為時間極其寶貴。

我們知道怎麼吸引大批媒體報導，因為我們已經在《傑爾拉多脫口秀》和《邁克與茱麗葉》之類的節目中露過臉，但還是無法一下子獲得大量新用戶。

於是，目標變成找出藉助媒體報導取得更龐大用戶數的方法。這時我們意識到，「熱點行銷」是一門學問。

搭配大學籃球錦標賽和名人「走光照」的熱點行銷

用你們產業的相關資料，對當前引發熱烈討論的事件做出說明或反應（有時兩者間的關聯可能會有點離譜），因此被大肆宣揚。這種做法，我們稱作「熱點行銷」。

我們第一次把這種概念運用到工作上，並且發現它非常管用，是杜克大學藍魔隊在二〇〇七年的全美大學體育協會男子籃球錦標賽（NCAA Men's Basketball Tournament）輸掉首輪比賽的時候。儘管那一年杜克大學並不強，這麼早被擊敗還是讓人很震驚，因為他們向來能在賽程中走得更遠。對選手本身來說這當然是出乎意料的失敗，對校友和在校生而言，更是令人感到沮喪。

我們抓住吸引注意力的機會，利用這個事件向媒體發布新聞稿、挑起話題，引發大眾對我們網站的關注。

我們在這篇新聞稿中說，意外吞下敗仗讓杜克大學的學生十分難過、沮喪，為了療傷，他們大批湧入線上交友網站（畢竟人在痛苦時更需要陪伴）。同時，我們也提供了一些數據來支持這個論點。

大約一個星期後，我們收到杜克大學的校刊——《杜克紀事報》寄來的電子郵件，他們想索取更多關於杜克學生參與網路交友活動的資料。他們後來刊登了一篇追蹤報導，立刻在校園內引發熱烈討論，這篇報導最後還被全美各地的媒體轉載。《紀事報》則在一周後又刊登了另一篇報導，訪問了一位自稱正在修習統計學課程的學生，她說她完全了解「干擾因子」*的概念，認為籃球隊輸掉比賽和網路交友

＊譯註：confounding factor，是指會干擾研究結果的因素。通常同時與「原因」和「結果」都有相關性，因此可能會掩蓋「原因」和「結果」之間真正的相關性，或是推導出並非事實的研究結果。

根本沒有任何關聯。我覺得這實在是太好笑了。

由於這則報導在網路上大肆瘋傳，因此我開始思考要怎麼進一步採取行動。我想要維持這樣的積極動能，所以試圖跟杜克大學的籃球名人堂教練——「老K教練」*談話，問問他是否察覺到球員們的沮喪情緒。

遺憾的是（但並不令人意外），他不曾回電給我。即便如此，這個話題依然瘋狂延燒，顯然一切是有搞頭的。

幾個月後，我們又抓住了另一次熱點行銷的機會，這次則和流行天后小甜甜布蘭妮有關。那時她剛和第二任丈夫凱文．費德林分手，沒多久便在參加一場頒獎典禮、從豪華禮車下車時，被媒體拍到沒穿內褲的走光照，一時間所有的娛樂網站都在談論這件事。

那個時候，我們正想請一位名人幫ＩＭＦＴ代言，這新聞出現的時機正好。於是我們便在新聞稿裡說，原本打算用五百美元的價碼邀請布蘭妮擔任代言人，但是我們也相當重視公司的名譽，在道德標準上絕不妥協。所以就算她真的願意代

＊譯註：指邁克．沙舍夫斯基（Mike Krzyzewski），曾培養出多位ＮＢＡ球星，目前為美國夢幻隊總教練，數次帶隊參加奧運會男籃比賽。

言，我們可禁不起任何行為不檢的負面新聞，因此只好取消這次的合作邀約。

我們將這篇新聞稿提供給幾家媒體，結果華納媒體旗下的八卦媒體網站ＴＭＺ非常喜歡，他們甚至還前來訪問我，並寫成一則報導。他們在報導中是這樣寫的：「勒納決定不讓布蘭妮代表他的網站公開亮相。他說，她根本是一匹脫韁野馬。」

他們都不是忠實用戶

靠著杜克大學在ＮＣＡＡ錦標賽荒腔走板的表現，以及布蘭妮不慎被拍到的走光照，確實使我們在短時間內達成目標。

由於利用這些新聞稿進行熱點行銷，我們獲得了許多新用戶。然而，在話題退燒幾天後，網站用戶的活躍度又回到以往的水平。很顯然，我們仍舊缺少一個長期解決方案，因為被這些行銷手法吸引過來的用戶不會留下。他們在註冊時輸入的「加入會員的原因」，是我們唯一得到的回饋：

- 「我在ＴＭＺ網站上看到它的報導。」
- 「我在電視節目裡看到它的消息。」

＊「我從新聞得知關於它的事，想嘗試看看。」

這些訊息對我來說，這是一個警訊，我必須盡快採取行動。我們的錢已經快燒完了，我們需要的不只是幾篇看準時機、內容精彩生動的新聞稿所帶來的數千名新用戶。為了維持公司正常營運，我們需要的是數十萬名新用戶註冊並留下來。

我開始自我懷疑起來。過去我一直認為，只要打造一個具備獨特功能的網站，解決用戶面臨的棘手問題，他們就會重複使用這個網站。

在某種程度上，我是對的，但我忽略了一個嚴重的潛在問題——我們無法獲得維持營運必須的龐大用戶。於是，我開始尋找一種叫做「紫牛」（purple cow）的東西，遺憾的是，我並沒有馬上找到。

爆炸性成長訣竅 7

幾位狂熱的死忠顧客，比數百名甚至數千名隨意註冊的用戶更有價值。他們將使你藉由口碑宣傳獲得驚人的成長，同時給予必要回饋，讓你可以持續改進你們的產品。你們是否至少擁有二十名死忠用戶，或已經計畫取得這樣的用戶呢？

推薦書單

葛雷格．史提史特拉（Greg Stielstra），《生火行銷》（PyroMarketing，暫譯）。

它是不是一隻紫牛？

行銷天才賽斯．高汀寫了一本名為《紫牛：讓產品自己說故事》的書。在這本經典好書裡，他這樣說明「紫牛」的概念：

幾年前，當我和我的家人開車行駛在法國的道路上時，路旁有數百隻乳牛正在美麗的草地上吃草。我們被眼前這幅景象深深吸引。

連續數十公里，我們都一直凝視著窗外，這美麗的景致著實令人驚嘆。

然後在二十分鐘內，我們開始對牛隻視而不見。因為後來看到的牛和先前看到的一模一樣，原本的驚奇現在變得習以為常。更糟的是，它開始變得無趣。

當你看著牛隻好一陣子之後，一切都變得無趣。牠們或許是很棒的牛、迷人的牛、性情溫馴的牛、用美麗燈光照射的牛，但還是很無趣。這時，如果有一隻紫牛出現，那就有趣了。

紫牛的構成要件，就是必須「不同凡響」（remarkable）。

這則故事旨在告訴我們，產品必須是一隻紫牛——新奇刺激、與眾不同、引人矚目（或說是值得一提）。它提供的服務應該特色獨具、不同凡響，沒有任何東西能夠相比，使得人們想要談論它。

我覺得IMFT的概念很棒，但若是要作為一隻紫牛，它顯然還不夠獨特——它可能是淺藍色，但肯定不是紫色。沒有人會把車停下來，然後跑下車說：「天啊！這個線上交友網站能讓我只花幾分鐘的時間，就和某個人出去約會耶！」

此時，對我們而言，有些事的確發揮了作用，例如產品獨特、擅長吸引媒體關注，然而它們的效果並不顯著。比方說，即便我們隨時都可以吸引媒體報導，卻無法因此取得忠實用戶。

不過，既然我明白什麼對我們是有效的，什麼則是無效的，要找出突破方法是遲早的事。我決定，我們必須努力存活，直到那神奇的一刻到來為止。我們應該好好發揮優勢，以便繼續戰鬥。這意謂著比其他網路交友公司更努力工作、持續創新，並且保持市場敏銳度。出於本能，我們進入求生模式，把花費降到最低，果真一名「市場顛覆者」就自己出現了。

這個市場顛覆者是在哈佛大學神聖的大廳被創造出來，然後釋出給廣大群眾使用。一位狂妄自大，但聰明絕頂、富有創造力，名叫馬克．祖克柏的輟學生，將完全改變人們透過網路進行社交的方式。我很快就察覺到他創造力驚人，他的網站可能會為網路交友產業帶來破壞性影響，因此我們必須把握機會參與其中。它是不是一隻即將誕生的紫牛？

推薦書單

賽斯．高汀，《紫牛：讓產品自己說故事》。

3 我們的產品是不是很糟？

「你可以拚命行銷，
但如果你們的產品很糟，你就死定了。」

——美國連續創業家及四本暢銷書的作者，
蓋瑞・范納洽（Gary Vaynerchuk）

二〇〇七年春天時，IMFT每個月都自然增加數千名新用戶，還算是不錯。但即便他們都是忠實用戶，數量還是不夠，我們需要更龐大的用戶數，因為一開始準備的資金快要燒完了（別忘了，我可是準備了比預估數字還要多一倍資金），但我不確定是哪裡出了問題。

突然間，一股更大的恐懼向我襲來，我開始不斷想著，也許我們的產品是真的很爛。與其說這是自然的恐懼反應，倒更像是下意識的妄想，因為我始終相信，我們擁有獨特的構想和很棒的產品。不過當公司壽命進入倒數計時，感到自我懷疑是很正常的。

它令人感到驚奇嗎？

我們現在有許多早期指標，可以判斷一項產品是否很糟，或者至少能判定它是否不同凡響：

* 人們有在 Twitter 上談論它嗎？
* 人們有在 Facebook 上分享它嗎？

✸它的整體網路口碑如何？

但在十年前，我們 SNAP Interactive 正要開始成長時，情況和現在大不相同。Twitter 是二〇〇六年才推出的新平台，能見度還不夠高，而 Facebook 才剛跨出校園，因此也不構成影響。分析平台還沒有發展到今天這種程度，所以想即時追蹤與分析每一名用戶的活躍度和參與指標，可說是非常不容易。

因此對我來說，即便我們的用戶數並不少，還是有點難判定產品到底好不好，然而我後來了解到，如果某項產品沒有立刻脫穎而出，可能是哪裡出了問題，因為它必須從一開始就令人感到驚奇。

我問了一些家人和朋友的意見，他們給了我各式各樣的支持和鼓勵，這也許增強了我的信心，但這依然沒有說明我們的產品為什麼沒有紅起來。

「克里夫，你們的產品很棒！」

「我很喜歡 I M F T，它比 Match.com 好多了！」

「每個人都應該使用你們的網路交友 App。」

這些熱情的回應只是加深了我的憂慮，因為假如這些人真的認為我們的網站這麼棒，為什麼他們不跟朋友推薦，又為什麼不常使用它呢？

爆炸性成長訣竅 8

一項產品是否不同凡響，不是你自己說了算。只有兩種情況：大家都在談論它，於是它便自然成長起來，或者是根本沒人在談論它。所以囉，你們的產品有受到討論嗎？

那時，我的腦中閃過各式各樣的念頭。我們有一項獨特的產品，但這並不代表它是一隻紫牛。或許是時機不對，就像我們推出「僚機」功能時一樣。或許是用戶體驗太差。又或者，這些功能沒有足夠的附加價值，讓用戶轉而使用它。

我知道這項產品原本就有某種問題存在，它和所有公司成功的關鍵指標——「用戶留存率」有關。我們吸引許多媒體關注，卻沒有因此取得足夠的新用戶。最重要的是，我們獲得的這些新用戶也許並非忠實用戶，因為他們在註冊之後，並沒有使用這個網站。顯然，我們目前走的這條路將無法滿足我們的需求。

我們有一些不錯的優勢——我們的產品夠獨特，而且我們持續取得數量雖有限但穩定的新用戶。我仍舊對我們公司和我們的產品非常有信心，但我必須讓奇蹟發生。

十倍成效

我們需要不只是稍微好一點，而是好很多的產品，比市面上其他交友網站好十倍。這就是所謂的「十倍成效」（10×effect），顯然ＩＭＦＴ並沒有達到這種效果。我們需要這種產品的最大原因，和用戶的轉換成本有關。在像是Facebook的交友與社群網站上，用戶們已經花費很多時間上傳照片、張貼內容並新增好友。所以，即便有稍微好一點的產品出現，也不值得他們再花時間重新來過，這項新產品必須比競爭對手好十倍，他們才會覺得有投入時間的必要。

AllPaws：寵物收養平台的十倍成效

我的兄弟達雷爾是公司的共同創辦人，同時也是一位連續創業家，擁有深厚的法律和會計資歷，因此絕對是促成公司邁向成功的重要因素。然而，隨著公司日漸成長，他在SNAP Interactive裡扮演的角色愈來愈不明確，他也持續僱用代替他處理重要工作的人（他曾經獨自處理這些工作）。二〇一三年，他終於受到啟發，創立了一個名為 AllPaws 的收養平台。

達雷爾一直很喜歡寵物，因此注意到，許多人希望能收養寵物，但需求未被滿足。

他的一切構想都建構在過往的經驗基礎上——在網路交友的世界達到十倍成效，接著再思考，怎麼以類似的功能在不同產業創造出好十倍的用戶體驗。

十倍成效使他明白，他不需要從頭來過，只要了解用戶們面臨的棘手問題，解決它們，並且讓用戶體驗比該產業裡的其他產品好上十倍即可。

大家如果針對收養寵物進行搜尋時，通常都會有十分特殊的搜尋條件。比方說，他們可能會想要一隻「低過敏原品種」*、性情溫馴的寵物，容易訓練，而且能和孩子們和平共處。又或者，他們可能會想要一隻動作迅猛的羅威納犬，牠們平常吃高蛋白飼料，而且喜歡咬人。

無論如何，達雷爾都察覺到，目前人們無法以健康狀況、性格、能否與人和睦共處之類的條件，進行詳細的搜尋。於是他創立了一個網站和 App，讓人們能夠用至少三十項篩選條件來進行搜尋。

AllPaws 和出色的線上交友網站並沒有太大的不同。收容所可以為可供收養的寵物建立非常詳盡的檔案頁面，然後想收養寵物的人就能用特定條件搜尋並建立配對。達雷爾只是運用他作為 SNAP Interactive 共同創辦人所學到的經驗，就使寵物收養體驗變好十倍。幾年後，他將這家公司賣給了全美最大、市值數十億美元的 PetSmart 公司。這個網站至今依然存在，如果你也很喜歡寵物，想要收養一個毛小孩，建議你到這個網站上看看。

爆炸性成長訣竅 9

一項只是稍微好一點的產品，沒有任何價值。它必須至少比其他產品好十倍才行。你是否評量過自身產品提供的主要服務，比競爭對手好上多少呢？

爆炸性成長訣竅 10

你經常會發現，兼具熱情與專業就能成功。你是否對自己的產品可以解決什麼問題充滿熱情？

爆炸性成長訣竅 11

你是否曾經為了找出新的解決方案，創造好十倍的用戶體驗，效法其他產業呢？

＊譯註：低過敏原品種的貓狗比較不容易掉毛，也很少有皮屑，因此產生的過敏原較少，不容易造成飼主過敏。

推薦書單

彼得・提爾，《從零到一》。

用戶們在使用ＩＭＦＴ時遇到最棘手的問題，是建立個人檔案要花費不少時間（這包含找幾張照片，並上傳到個人檔案頁面上）。整段過程必須花上幾分鐘，在這個快速、有求必應的時代，對大多數用戶來說，這樣實在是太久了。

若設法讓用戶只要點擊一下，就能上傳完整的個人資料（包含他們最棒的照片，以及所有必要資訊），會怎麼樣呢？它將變成比其他線上交友網站好十倍，不，至少好上一百倍的網站——只要有辦法這麼做就好。

4 一場豪賭

「那些你沒有擊打的球，
你就是百分之百錯過它們了。」

——「冰球大帝」，韋恩・格雷茨基

二〇〇七年五月初，一個對未來產生重大影響的夜晚，我又再度獲得了另一個啟發。結果證明，這個啟發攸關我們公司的存續。

我是在閱讀文章時得到啟示。那是一篇談論 Facebook 這個新興網站的報導，當時它的規模還沒有現在這麼龐大，那時 Facebook 才剛開放給大學生以外的學生使用。在草創時期，只有和創辦人祖克柏同樣就讀哈佛大學的學生能夠使用 Facebook，接著才逐漸開放給其他大學，最後才讓社會大眾也可以使用。

這則報導中說明，Facebook 如何建立一個應用程式介面（Application Programming Interface，簡稱 API）*平台，使其他公司能夠在 Facebook 裡建立他們產品的 App。更重要的是，透過為這個平台開發 App，這些公司可以取得所有註冊用戶的個人資訊和好友名單。同時，用戶們也能「邀請」他們的朋友使用這些 App。此外，這些公司還可以連結到用戶個人檔案的其他地方，例如在他們的「塗鴉牆」上發布貼文。

* 譯註：應用程式介面是指一些系統廠商為了讓第三方開發者能夠額外開發 App 來強化他們的產品，推出能和他們系統溝通的介面。

紫牛正在靠近

他們可以連結到用戶的朋友圈（Facebook 將它稱作「社交圖譜」），每當有新用戶註冊時，我都覺得很有趣。過去的研究讓我明白，大多數人都是藉由朋友遇見他們的另一半，至今仍是如此。我問自己：「若是我設法讓 Facebook 的社交圖譜對ＩＭＦＴ發揮影響力會如何？」

那時，ＡＰＩ平台還是一個嶄新的概念，所以大舉投入這個成效未經驗證的概念似乎有點危險。但此時我必須冒險，用籃球術語來說，就是我們需要一個關鍵的「壓哨球」。整場比賽下來，我們球隊都表現得很好，但最後還是落後兩分。現在比賽快要結束了，我正好拿著球站在三分線後方，我必須投出最好的一球。

隔天我立刻打電話給程式設計組長邁克．謝洛夫，跟他說：「邁克，我剛讀到一篇關於 Facebook 的報導。我想要為它建立一個 App——Facebook App。」

他恰如其分地回應，問我：「什麼是 Facebook App？」

「我還不知道，」我說，「但我有種非常強烈的感覺，我們無論如何都要開發一個出來。」

邁克感受到我高昂的情緒，於是默許了這項提議：「好的，所以你希望我怎麼做？」我的內心愈來愈激動，我說：「放下所有你正在做的事，然後開發一個Facebook App，一定要想辦法把它弄清楚。」

接下來的一個星期，邁克都在認真研究這個新的Facebook平台，試著了解如何為它建立一個App。他接著告訴我：「好，我想我們可以把我們的網站放進Facebook裡，這是你想要做的事嗎？」

「這就是我想做的。雖然我還不確定我們會拿它來做些什麼，但是我會弄清楚這個部分。邁克，做得好！」

如果你把它開發出來，他們就跟著來了

那時我心裡確實出現某種聲音，直覺告訴我，為Facebook開發一個App，對公司而言是一個正確的決定。它讓我全力投入，果真因此帶來了大量用戶。

二〇〇七年五月十四日，Facebook正式向大眾推出他們的平台，那時他們有一些合作夥伴，我以前從來沒有聽過。他們有些其實只是個別軟體開發商，但他們每天都因為Facebook這個新的應用程式平台，獲得數千名新用戶。對交友網站來說，

這種公司靠著自身營運，而非透過收購其他公司所獲得的內生成長（organic growth）可謂前所未聞，所以，如果那些 Facebook 的合作夥伴能夠做到，我認為我們也可以。當時 Facebook 上還只有少數 App，但我很清楚，其他的大公司開發出 Facebook App 是遲早的事。

因此，儘管對我們正在進行的事幾乎一無所知，我更加確信，我們必須盡早運用這項技術，全力投入 Facebook App 的開發。

開放存取 Facebook：是瘋子還是天才？

那時，人們普遍認為，祖克柏對所有軟體開發商推出這樣的開放平台，是很瘋狂的行為。大家都說，Facebook 自己做得好好的，為什麼要隨意讓任何公司接觸他們的數百萬名用戶，並取得這些用戶的相關資料？過去沒有人做過類似的事，人們都覺得，這些公司會占 Facebook 便宜，為了自身利益，破壞用戶們在 Facebook 上的體驗，並且試圖將所有用戶都移植到自己的網站上。

祖克柏有不一樣的看法，因為他知道，像 Facebook 這樣的網站必須不斷創新，才能繼續保有一席之地。他冒了一個險，並且相信世界頂尖的公司和軟體開發商很快就會湧入 Facebook，在上面建立 App（請記得，人們的注意力都集中在這裡）。這確實是一個極大的創新，長遠來看，它會讓用戶們一直重複使用他們的網站。最後，幾乎對所有科技公司而言，開發一個 Facebook App 都變成了首要任務。Facebook 平台的推出開啟了一個超速成長的新時代，這也是他們最後獲得成功的關鍵。

我們的第一版 Facebook App 就如同邁克所說，只是在 Facebook 裡加入 IMFT 的註冊頁面，將用戶導引至我們的網站而已。我們光是靠著這一版 App，就馬上取得了數千名用戶。

此外，因為早期 Facebook 上只有少數 App 能夠下載，用戶們通常會到 App 目錄直接下載整套軟體，這或許也幫助我們增加了不少用戶。

我現在可以看清楚了嗎？

我們的第一版 Facebook App 上線的第一天，獲得的用戶數比過去任何一天都多。同時，我也看到幾家不知名的公司，每天都自然增加五千至一萬名用戶。我再度心想：「如果他們做得到，我們也可以。這只是誰比較聰明、比較渴望的問題。」

我知道我們能贏得這場戰役，因為我們擁有優秀的人才，而且幹勁十足。那時，失敗不是一個選項。我完全無法忍受失敗，因為我不想再回華爾街上班，然後在凌晨五點和那些夜店咖搶計程車。

另外，我也很早就發現到 Facebook 的成長有多麼迅速。我很榮幸在一場座談會上，遇見許多協助創立這個平台的人，那也是祖克柏首次公開發表談話。

這些人是我見過最聰明的人。他們的想法總是領先五到十年，這就是為什麼 Facebook 能夠存活下來並蓬勃發展的原因，很多同期的競爭對手早已消失不見。他們當天談論的主題與深度和其他公司截然不同，這使我對他們的未來發展更有信心。相較之下，當時全世界最大的社群網站 Myspace 打電話來（他們很快也將推出自己的平台），遊說我購買更多廣告，可是他們的網站處於癱瘓狀態，幾乎無法使用。

與此同時，Facebook 正在談論他們清晰可見的願景——將如何成為全世界最聰明的廣告平台。他們不停地提及一種名為「數據科學家」的新型態員工，這些絕頂聰明的軟體怪傑會分析所有的數據，以此做出精準預測，像是用戶們接下來會在何時去哪裡度假、想吃什麼，乃至何時將開始或結束一段關係（這可以透過用戶瀏覽特定「好友」照片的習慣來判定）。

他們竟然能用數據進行如此深度的分析，令我十分震撼。數年後，他們將成為全世界最成功的廣告平台，現在正為此打下基礎。

另外，用戶體驗對他們也極其重要，發現其他社群網站，像是 Friendster 和 Myspace 的用戶體驗變得很差，是因為比以前更著重短期收益。這些網站的讀取速度通常都非常慢，而且頁面上塞滿了廣告、垃圾連結，以及其他要花很多時間開啟的圖片。

當競爭對手傻傻地把焦點放在短期收益上，Facebook 找出了一項重大發現。若是用戶在前十天得到七位以上的好友，他們就會開始對 Facebook「沉迷」，並且一直重複使用。這就是所謂的「頓悟時刻」，用戶在此時認識到一項產品的價值。為了確保新用戶達到「七位好友」這個神奇數字，Facebook 一群最棒的工程師研究出，如何讓許久未見的親戚或小學一年級時的朋友浮出水面，並將他們放進好友推薦名單裡。

他們的網路效應因此大幅擴大，證明這是一項很棒的策略，不僅獲得可觀的長期紅利，也取得長久的成功。這是所有新創公司都希望達成的目標。

Facebook 的這群人年紀很輕，觀察入微、有長遠的眼光，知道「絕佳的用戶體驗」將使他們一開始就取得長久的成功。所有軟體開發商都清楚認識到，在這些人的帶領下，Facebook 將成為史上規模最大的社群網站。基於先前在那場座談會上留下的深刻印象，以及我們藉由 Facebook App 獲得初步成功，我清楚了解到，必須盡可能地搭 Facebook 的順風車。幸運的是，SNAP Interactiveh 從一開始就參與其中。

爆炸性成長訣竅 12

你知道你們的產品怎麼帶來「頓悟時刻」嗎？不知道的話，想辦法弄明白，然後把注意力集中在用戶體驗最佳化上。

為什麼是 Facebook？

和許多人想的不同，Facebook 並不是世界上第一個社群網站。它既不是 Myspace 也不是 Friendster，這兩者在 Facebook 出現之前，都已經有些許成果。全世界第一個社群網站，是一個名為 sixdegrees 的網站，它是我的個人導師兼摯友安德魯．韋瑞契（Andrew Weinreich）所創立的。

sixdegrees 其實早在一九九七年，也就是祖克柏顛覆市場規則十年多前，就出現在軟體界了。安德魯是我認識最聰明的創業家之一，但 sixdegrees 已經不復存在，而 Facebook 則主宰了社群網路的世界。發生了什麼事？Facebook 有什麼特殊之處，讓他們成為全世界最有價值的公司？

時機決定了一切，是安德魯教我最寶貴的一課。不要把這件事錯當成搶第一很重要，因為掌握最佳時機不見得代表要搶第一。在某些狀況下，搶第一反而對你不利。

以安德魯為例，sixdegrees 是第一個出現在市面上的社群媒體，但它缺少了某項功能，這後來變成了 Facebook 的根本特色，那就是圖片功能（補充說明：因為意識到自己將會帶來重大影響，安德魯編寫了一項名為「Six-Degree Patent」的專利，說明人們如何在網路上產生連結。此後，這項專利變得非常重要，現在則為 LinkedIn 所有）。

sixdegrees 在很多方面都領先它那個時代，但在當時，相關支援技術（尤其是數位相機）並不普及，是十分關鍵的因素。儘管安德魯知道照片是促使社群網站成功的重要因素，卻沒有明確的方法可以把它們放進網站裡。他曾經讓用戶郵寄他們的照片，然後再僱用一批工作人員，將這些照片掃描並上傳至他們的個人檔案頁面。即便這是不錯的變通方法，最後安德魯還是認為這種做法不切實際。

那時，「標註」某個人的功能也還不存在。這是另一項細微差異，這樣的差異對照片產生正面影響，進而推動後來的社群網站發展。

要掌握市場時機是很困難的，因為人們幾乎不可能預測劇烈改變何時會發生。一九九九年，安德魯將 sixdegrees 售出，當時很少人有自己的數位照片。到了二〇〇三年，搭載數位相機功能的手機變得比數位相機還多。一股社群網站的新浪潮興起，一開始是 Friendster，接著是 Myspace，最後是 Facebook。

sixdegrees的公告售價是一億兩千五百萬美金，因此還算是成功，只是和Facebook的情況不盡相同。有些專家預測，有一天Facebook可能會成為史上第一家市值高達一萬億美金的公司。

諷刺的是，這些專家中有幾位是我以前在華爾街的同事和分析師。二〇〇七年，當我說Facebook的市值將在幾年內達到一千億元時，他們還笑我。那時我強烈建議他們，要盡快認識到這一點。

話說回來，到最後Facebook有比其他社群網站出色很多嗎？不盡然，因為他們的功能與基本概念，和sixdegrees，甚至是Friendster和Myspace並沒有很大的不同，但他們掌握了正確時機。相關支援技術日漸成熟，包含手機迅速普及，以及將照片上傳到網路上變得更容易，用戶們終於能夠在社群網站上運用這些技術。

成為某個領域最聰明的人

某年的一月，我在一場為網路交友公司的主管舉辦、名為iDate的座談會上，和我的朋友兼導師安德魯碰面。那時，他正在經營第一個行動版交友網站MeetMoi（安德魯在很多事情上都是第一人）。在那場座談會上，他對我說了一句最令我印象深刻的話：「我發現你一旦成了某個領域最聰明的人，你便可以取得成功。克里夫，我覺得在 Facebook 進行病毒式行銷這件事上，你是最聰明的。」說我自己是「某個領域最聰明的人」，聽起來有些自負，但對我而言，認可我的領導能力非常重要。

安德魯從來不說違心之論，所以這段話給了我勇氣，使我在 Facebook 病毒式傳播上加倍努力，竭盡所能地弄懂 Facebook 平台。也讓我確信，我必須關閉無法達成目標的網站 IMFT，並全力投入另一個新網站。

我決定最後要關閉 IMFT 不只是一件不得了的事，對員工、投資人和所有目睹這一切發生的利害關係人來說，都是一大衝擊。我竟然選擇為了一個才推出幾個星期、成效未經驗證的網站，捨棄經營了兩年、擁有數萬名用戶的成熟產品。

但我的邏輯是，我想要向前看而不是往後看，並且停止在發展潛力有限的產品上砸錢。IMFT 存在不少問題，要處理這些無法避免的程式錯誤和伺服器問題，必須耗費時間和金錢，我們付不起這樣的代價。到最後，這個決定就如同從我們公司背上搬走一隻重達五百公斤的大猩猩，立刻正面推動新的 Facebook App 成長。

爆炸性成長訣竅 13

你是否忽視「沉沒成本」的原則，或者基於某些情緒因素或不切實際的理由，而保有某些專案？

如果是，現在就中止它們，以便騰出更多寶貴的時間和注意力。

有了這種認知，ＩＭＦＴ逐漸進化成MeetNewPeople（簡稱ＭＮＰ）。這是一個介面簡單的交友App，當用戶登入時，會看到其他用戶的照片，以及這樣一個問題：「你是否喜歡這個人？是或否。」

我們學到一件很重要的事，那就是想讓人們離開Facebook、轉而使用ＩＭＦＴ，是沒有用的。除此之外，我們也發現，讓用戶們盡可能地在Facebook上從事各種活動，對我們有利得多——如此一來，我們可以經常在他們的動態消息牆上發布貼文，並且連結到他們的朋友圈。因為了解到用戶留存率極為重要，它能使一項產品持續發展並成長，所以我們不再試圖讓用戶從Facebook跳槽到ＩＭＦＴ。這項策略馬上就成功了。

「我沒有失敗。我只是找到了一萬種行不通的方法。」
——美國最偉大的發明家湯瑪斯・愛迪生

此外，MNP是一個過渡時期的App，用來測試我們能想到的所有構想。在我們於二〇〇七年八月十四日正式推出AreYouInterested?（簡稱AYI）之前，我們充分利用了MNP來測試各種功能和想法，藉此找出能夠帶來最高用戶留存率和最大幅成長的項目，並善用Facebook平台和其獨特之處，達到瘋狂成長的效果。

不衡量成效，你就不會進步

我們很快就意識到，成功的關鍵不在於想出下一個很棒的構想，而是在於對用戶進行測試的速度有多快，這代表必須建立穩健的分析數據。我們進行愈多測試，就學得愈多，也愈成功。這些測試包含完整的新功能測試，以及像是更換背景顏色等簡單的改變。透過不同背景顏色的測試，我們發現即便是簡單的改變也會對用戶行為產生巨大的影響。如果你有所懷疑的話，我可以告訴你，為女性用戶設置粉紅色的背景，確實讓她們變得活躍許多。

持續的實驗和穩健的即時分析數據，變成了公司的核心文化，我們會坦然接受失敗，因為這代表對使用者有更進一步的了解。在參觀過Facebook的辦公室之後，發現他們公司也有類似的文化，他們的軟體開發者有這樣一句口號：「快速行動，打破成規。」

爆炸性成長訣竅 14

「追求完美」是產品準時上架的敵人。「開發完美的功能」這個想法其實意謂著你空有假設，卻沒有蒐集用戶回饋和分析數據，反而將花費更多時間。對於已經能提供給顧客使用的功能，你是否仍持續改進，並且取得回饋意見？

爆炸性成長訣竅 15

開發產品並測試其功能，卻沒有進行穩健的分析，就像蒙著眼睛開車一樣，不會有好結果。你是否擁有可以顯示所有關鍵指標的分析版面呢？

推薦書單

克里斯·葛華德（Chris Goward），《你必須測試這個》（You Should Test That，

暫譯）。

傑克・納普，《Google創投認證！SPRINT衝刺計畫》。

憑藉著嚴密的測試、詳盡的數據分析，以及我們先前在MNP上進行的網站最佳化，AYI在推出後，每天都獲得一萬名左右的新用戶，而且沒有為了取得用戶花一毛錢。那個時候，我們都意識到，我們坐擁了一座金礦！

5 火速成長
（一天增加十萬名新用戶！）

「病毒式傳播並非運氣使然，那不是魔術，也不會隨機發生。人們津津樂道並互相分享，這一切的背後是有科學根據、有訣竅，甚至有公式可循的。」

——《瘋潮行銷》作者，約拿．博格

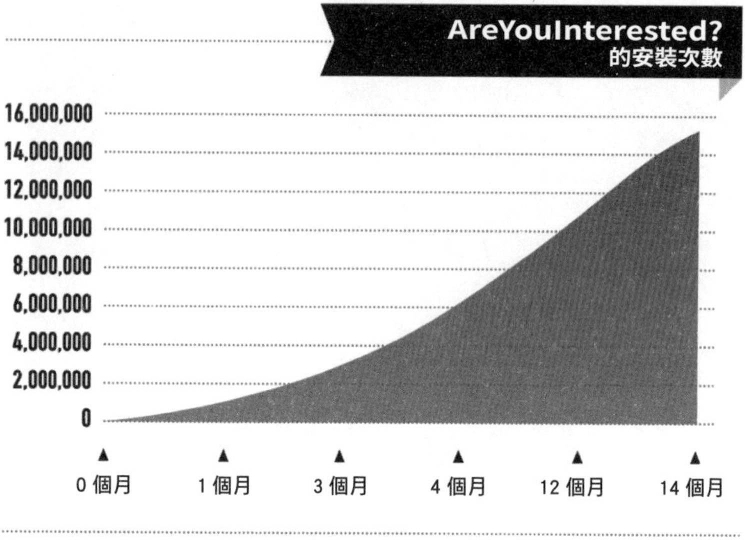

為了讓產品從原始的 MNP，進化成功能更完善的 AYI，我們每天累得半死地工作十八個小時，不停測試並最佳化，希望能使用戶邀請更多朋友、花更多時間，用我們的 App 瀏覽其他用戶的個人檔案。我們必須找出成效最好和成效不好的項目，才能獲得想要的結果——成為在 Facebook 造成瘋傳現象的專家。

我們也無法接受自家產品的水準只是差強人意，因為那些大公司遲早會發現這座 Facebook 病毒式傳播的金礦，並且追過來搶一杯羹。他們有無限的資源可以使用，我們根本不可能比得上，唯一的勝算是必須大幅領先，並且不斷地把自己推向極限。

比方說，我們都知道顯示個人檔案頁面時都不會出現畫面延遲（Tinder 現在也有類似的做法），會使用戶體驗變得更流暢、更棒。這在當時並不是一個容易達成的目標，我們為此花了數個星期反覆調整，不接受任何「還可以」的平庸表現。

即便對大多數功能而言，追求完美都是一種濫用資源的行為，還是有例外的狀況存在，必須盡可能地使某些關鍵性的用戶體驗近乎完美。

網路瘋傳

布萊恩・巴爾福（Brian Balfour）是公認的成長專家。他創立並培育了數家有創投支持、用戶數高達數百萬人的公司，同時也曾經是全球最具權威的集客行銷網站 HubSpot 的成長副總。布萊恩經營了一個很棒的部落格，談論最新的成長策略和技巧（http://www.coelevate.com），並且在 http://www.reforge.com 教授相關進階課程。以下節錄一些布萊恩對病毒式傳播的看法：

自九〇年代中期以來，「造成瘋傳現象」一直是矽谷的終極目標，但病毒式傳播的概念其實早在一百多年前就有了。據說連鎖信（chain letter）*首次出現於一九〇〇年早期。

當網際網路出現，像是電子郵件、Facebook 和行動裝置的操作平台將所有人連結在一起時，就點燃了病毒式傳播的火種。

簡單來說，病毒式傳播是指一名用戶或顧客協助取得其他用戶或顧客的方法。請把它想成一個迴路（loop）——用戶註冊、採取某種行動，那個行動導致另一名用戶註冊，如此無限循環。

這些病毒迴路的形式有很多種，例如：

✱自動邀請

Dropbox 的用戶和他們的同事共用一個資料夾。結果，這位同事也註冊了 Dropbox。

✱隨意連結

Hotmail 的用戶在電子郵件的簽名檔裡加上一句「我愛你。快來 Hotmail 申請你的免費信箱。」收件人在看到這句話之後，也註冊了 Hotmail。

✸ 介紹獎勵

Uber的用戶為了獲得十美元的獎勵，邀請他們的朋友參加。結果，這位朋友也加入了Uber。

並非所有的病毒迴路都有相同的結果（有些成效比較好）。病毒迴路的有效性，是以它的K係數（K-factor）[**]來衡量。K係數可以計算出，原始用戶在註冊時帶來多少額外用戶。

舉例來說，若是有人說，他們的K係數是0.5，代表每兩名用戶將再帶來一名新用戶。當K係數大於1時，就算是達成終極目標。

獎勵用戶

「獎勵使用者邀請朋友加入」的機制產生了巨大的影響，我們因此在一天內獲得了十萬名以上的新用戶，這一點也正是能否在Facebook上造成瘋傳現象的關鍵。

＊ 譯註：連鎖信是指一種要求收信人複製數份再寄給其他人的信函或訊息。

＊＊ 譯註：又稱「病毒係數」，是指病毒感染後轉化為新用戶的情況；K係數愈高，產品獲取新用戶的能力就愈強。

重點在於，想辦法找出能促使用戶採取行動的誘因。這當中有很多細節能成功驅使行動，但歸結起來，就是給用戶一個難以抗拒的理由，讓他們想要邀請自己的朋友，同時也給這些朋友一個誘人的理由願意接受邀請，並試用這項產品。

在使用交友 App 時，用戶（特別是男性）通常都希望收到更多其他用戶傳來的訊息。所以，讓用戶有機會吸引更多注意力（等於可能會收到更多訊息），變成我們獎勵機制的主要內容。

爆炸性成長訣竅 16

你能否找出自身商品最吸引人的部分？當用戶邀請朋友加入時，你是否曾試著免費提供這個部分作為獎勵？

Dropbox 提供的誘因

雲端檔案儲存服務業者 Dropbox 因為在用戶邀請朋友加入時，提供更大的儲存容量給他們，取得驚人且瘋狂的成長。他們實行了一項很棒的策略，那就是他們不僅提供這些受邀的朋友更大的儲存容量，也提供額外的誘因，使他們願意接受邀請。

為了提供必要的獎勵，我們向用戶發出「邀請五位新朋友」的挑戰，達成目標的人將會排在搜尋結果較前面的位置。這不僅促使更多配對產生，也能讓他們收到更多訊息。我們成功了，幾乎每一名用戶都邀請了五位朋友。

在那之後，我們覺得順勢加碼是一個很好的做法，所以把挑戰內容改成邀請十位朋友。結果，幾乎所有用戶都接受了這項挑戰。

Facebook 容許我們設定的朋友數量上限是二十位，這個數字使我們的 App 取得數千名新用戶。此外還發現，稍微改變表達方式就會對結果產生劇烈的影響。以下舉例說明，我們如何略微改變表達方式、挑動用戶的情緒，驅使他們採取行動：

* 第一版：邀請你的朋友！
* 第二版：邀請五位朋友，讓你排在搜尋結果較前面的位置！
* 第三版：邀請二十位朋友，讓你排在搜尋結果較前面的位置！
* 第四版：邀請五位朋友，讓你獲得更多配對！
* 第五版：邀請二十位朋友，讓你獲得更多配對！
* 第六版：邀請五位朋友，讓你找出誰喜歡你！
* 第七版：邀請二十位朋友，讓你找出誰喜歡你！

光是修改幾個字，就明顯取得更好的成果。我們了解到，表達方式是能否與用戶有效溝通的關鍵因素，儘管只是稍微修改一下文案，就能對用戶行為造成了巨大的影響，並讓我們在事業上取得成功。

我們學到一件很重要的事，那就是「推銷產品帶來的好處」遠比「推銷產品功能」來得有效。功能是產品本身的特性，好處則是它怎麼改善用戶們的生活。比方說，「排在搜尋結果較前面的位置」這項「功能」沒有足夠的吸引力，因為使用者並不清楚為什麼它很重要。然而，獲得更多配對或找出喜歡自己的朋友，則是一種情感利益，令他們覺得自己有某種價值。這些微小的改變，正是我們每天取得十萬名用戶的關鍵。

若是文案把焦點放在推銷功能（而非產品帶來的好處），大多數產品都會錯失大好機會。所以再次提醒大家，行銷必須著重於回答顧客的問題——「它能為我帶來什麼？」

爆炸性成長訣竅 17

撰寫文案時，推銷產品帶來的好處（而非功能）。你現在是否這樣做呢？

「可以把一千首歌裝進口袋裡」vs.「一顆 5GB 的硬碟」

賈伯斯一開始推出 iPod 時，就是推銷好處而非功能的絕佳範例。iPod 的功能是「一顆 5GB 的硬碟」，但它帶來的好處則是「可以把一千首歌裝進口袋裡」（這是他們當時使用的廣告詞）。

持續測試很重要

我們察覺到，稍微修改一下文案（也包含無傷大雅地更換文字顏色），就讓成果提升百分之二十以上。因為深信比競爭對手更快的學習速度能帶來成功，所以我們建立了一個內部測試平台，可以同時進行一千項以上的實驗。

嚴密的測試能讓任何公司（甚至是街頭小店）從中獲益。測試櫥窗招牌上的文字內容、測試商品陳列、測試展示櫃裡的擺設，或是測試標價等等，即便只有小幅成長，各個項目加總起來，也相當可觀。

持續測試與實驗對每一家公司都極其重要，應該視為公司文化的一部分，無論何種產業都能實行。幾次小小的成功，可以逐漸累積出豐碩的成果。比方說，為了增加邀請數，我們不僅改進「朋友邀請」頁面上的文案，也將這些朋友收到的電子郵件主旨和內容最佳化。

從一開始的免費用戶體驗到最後的付費購買，一項產品的行銷漏斗（marketing funnel）*中，有許多和顧客互動、形塑顧客體驗的接觸點（touchpoint）：註冊流程、電子郵件主旨與內容、郵件發送頻率、付款頁面等都包含在內，而最後的轉換率將由行銷力道最弱的部分決定。

爆炸性成長訣竅 18

如果你還沒有對自身產品進行測試，現在就開始吧！你是否計畫在接下來的三十天內，至少進行三項測試呢？

* 譯註：為社會科學家常用的一種模型，用來呈現產品的行銷規劃藍圖，通常包含認識產品、對產品產生興趣、決定購買或註冊成為會員的流程。

人們的注意力在哪裡？

有句俗話說：「一份事業要成功，最關鍵的因素除了地點，還是地點。」這句話或許對餐廳和零售商店等實體店面依然適用，但我想，如果要說明今日的虛擬市場，就必須更新一下說法：一個成功的線上交友網站（或任何網路事業）要迅速取得用戶，最關鍵的因素除了平台，還是平台。

我很快就發現，產品獨特固然是很棒的一件事，但知道怎麼善用 Facebook 這種高能見度的行銷通路，將產品呈現在眾多用戶面前，才是重點所在。我們必須透過這個行銷通路，讓產品廣受到歡迎。成長緩慢不只會嚇跑投資人、耗盡可用現金，也無法提供寶貴的用戶回饋。因此，對大多數新創公司而言，藉由成效顯著的行銷通路快速成長是很重要的，我自己便深刻體認到行銷對網路事業有多麼重要。

爆炸性成長訣竅 19

現今有許多價值數十億美元的公司，都是依靠其他平台成長起來的。你是否正在測試如何和新興或知名平台結合？

我不在乎你們的產品有多棒……請告訴我，你要怎麼「快速」成長

許多人會請我針對投資或創業構想給予建議。首先，我會問他們：「你計畫如何取得數千名目標用戶？」大多數人肯定會回答：「我不太清楚，但我們的產品極為獨特，它將令人們大吃一驚！我們會吸引大批媒體報導，所有人都會愛上我們。」這時，我會把我們公司和產品的發展史告訴他們：我過去有一項自認獨特得要命的產品，而且我們也很擅長吸引媒體關注，但直到我們找到適當的平台，並因此獲得數百萬名用戶之前，這些都不重要。我了解，為了達到一定的規模，創業家和公司會以獨特（且具成本效益）的計畫來行銷自己的產品。他們有很好的成功機會，但若是沒有出色的成長策略，產品再好都可能會失敗。

出色的成長策略永遠都勝過出色的產品

交友網站（和很多其他的生意）可在市面上找到許多類似的產品，彼此間很難區分出個別差異。然而，有些網站取得了巨大的成功，有些則沒有。回過頭來看這些蓬勃發展並獲得成功的網路交友公司，共通點是都有一套明確的成長策略，使產品提供的獨特服務得以發揮影響力。我認為，這對大多數產業也都適用。

許多全世界最大的線上交友網站能夠成長，不是因為他們的產品特別好，也不是因為有龐大的行銷預算，而是實行了一套很棒的成長策略，也就是所謂的「成長引擎」。

成長引擎

請把「成長引擎」想成是一套獨特且費用低廉的成長策略，使你們產品的關鍵差異發揮影響力，用戶數因此突然激增。

接下來，讓我們看看過去十年來，最成功的幾個線上交友網站（再加上Twitter），並探討他們如何取得驚人的成長。

Tinder

你需要實際的參考案例，從中了解行銷怎麼扮演關鍵角色，使一項產品快速成長並存活下來嗎？首先來看一下Tinder（後面的章節會再更仔細介紹這家公司）。

當 Tinder 針對受歡迎的全美各大學的兄弟會、姊妹會，以及迷人的女大學生舉辦產品發布派對後，他們便迅速竄紅。

我可以在腦中想像他們的行銷會議大概是這個樣子：

這裡有一個構想——我們在全美各地的大學舉辦產品發布派對，邀請成員最性感火辣的姊妹會參加，再讓兄弟會的成員們加入。接著，要所有人下載我們的 App，以此當成出席派對的入場券。這樣一來，他們就能整晚「向左滑或向右滑」，到了隔天早上，整個學校的學生手機裡都有我們的 App，而且他們將跟每一個人談論它！

這項策略極其有效。他們在大學校園裡舉辦了一場又一場的派對，他們的 App 迅速掀起熱潮，這就是商學院的人口中所謂的完美「產品市場契合度」（product market fit）*。此後，許多公司也嘗試了相同的策略，但都沒有 Tinder 實行時那麼有效。因為某項策略曾經發揮作用，不保證它會一直有效，一個構想要成功，還是需要長遠的眼光、創造力和絕佳的執行力。

*譯註：簡稱 PMF，用來檢視一家公司的產品能否充分滿足市場需求，以及是否在顧客心中具有不可取代性。

「你必須在各種特定領域找出社群意見領袖，並針對他們展開行動。我們就是這樣在大學校園和其他社交場合擴展開來的。」

——前 Tinder 行銷副總、Bumble 創辦人，惠特妮．沃爾夫（Whitney Wolfe）

Bumble

Bumble 和 Tinder 十分類似，關鍵差異在於，必須先由女性主動聯繫。儘管這是一項很吸引人的功能，卻也很難讓他們在短短幾年內，馬上變成擁有數百萬名用戶的新興交友網站。促成 Bumble 快速成為市場領導者的，還是出色的行銷策略和長遠的眼光。

Bumble 很早就發現，網路意見領袖具有龐大的影響力，這可是早在大家熟悉「網路意見領袖」這個詞之前呢！老實說，這和 Tinder 藉助校園意見領袖的力量是類似的概念，只是 Bumble 是透過網路進行的。那時 Instagram 上到處都是宣傳 Bumble 的貼文，這使得他們能見度驚人，迅速普及起來。

這對 Bumble 創辦人惠特妮．沃爾夫來說，一點都不意外（她也曾經是 Tinder 的行銷副總，Tinder 的大學行銷策略大獲成功，主要是她的功勞）。

一開始，Bumble 還做了一件很聰明的事，那就是和 Badoo 創辦人安德列．安德列夫（Andrey Andreev）進行策略合作——Badoo 是全世界最大的約會社群網站之一。這項合作讓 Bumble 獲得大型科技公司的雄厚資源（包含資金和工程人才），因此他們得以火速展開行動；不僅大幅加快產品開發的速度，也提高成功的機會。因為他們可以避免一般新創公司常犯的錯誤，以及容易面臨的各種棘手問題。

JSwipe

有段時間，網路交友空間出現了兩個模仿 Tinder、以猶太人為主要族群的交友 App：JCrush 和 JSwipe。起初，JCrush 的市占率領先其競爭對手 JSwipe（後者成長得也很快）。然而，JSwipe 和一個名為「以色列生存權」（Birthright Israel）*的猶太組織合作，因此獲得數量龐大的潛在用戶，並且幫助他們擊敗了 JCrush。

這項出色的合作策略促使 JSwipe 取得成功，今日他們的 App 會如此火紅，也是因為這個原因（補充說明：二〇一五年十月，JSwipe 被全球著名的網路交友公司 Spark Networks 以七百萬美元的價格收購）。

*譯註：是一個非營利性教育團體，多年來致力為猶太背景的年輕學生提供免費遊學活動。

你是否已經鎖定了能夠帶來驚人的能見度和成長的合作對象？

Plenty of Fish

Plenty of Fish 為了獲取大量用戶，全力投入搜尋引擎最佳化（SEO）的策略。他們的創辦人馬庫斯・弗林德（Markus Frind）是一位傑出的創業家。他是以長尾關鍵字（Long Tail Keyword）為線上交友網站進行SEO的先驅。

長尾關鍵字是指比較小眾的關鍵字，長度通常都在三個詞彙以上，例如「內華達州的免費網路交友」，或是「尋找住在拉斯維加斯女性的男性」。根據他們的統計，這些關鍵字比涵蓋範圍過於廣泛的關鍵字，像是「單身人士」或「網路交友」，來得有價值許多。

在大多數人聽過「SEO」這個詞之前，弗林德就為他的網站建構了一套完善的機制，幾乎所有和網路交友相關的關鍵字都能取得不錯的排名。最後，Plenty of Fish 變成全世界最大的交友網站之一，並且在二〇一六年以五億八千萬美元的價格賣給了 IAC。

AreYouInterested? 和 Zoosk

AYI 和 Zoosk 是公認最成功的兩個 Facebook 交友 App，他們都各自擁有一億名以上的用戶。他們很早就靠著在 Facebook 平台上建立交友 App 快速成長，也都開發出一套功能，持續藉助網路瘋傳的機會成長。如果沒有 Facebook 這樣的平台巨獸，這些產品可能根本不會存在。現在這種機會還是很多，新創公司應該要花大量時間分析並嘗試這些機會，藉助大型平台的力量取得成長。

Twitter

擁有一套獨特的成長策略比產品本身來得重要許多，這一點並不僅限於網路交友產業。出色的成長策略對任何產業都極為重要，想想 Twitter 如何火速成長就知道了。

信不信由你，Twitter 不是為了讓美國總統在凌晨三點向美國人發表意見而設計的（不管那些意見是對是錯）。它的目的，是為了使用戶可以進行簡潔扼要的溝通（溝通對象可以是一對一或一對多）。用 Twitter 來發布新聞和資訊，非常快速有效，但它並沒有迅速竄紅。就像前面提過的其他線上交友網站一樣，Twitter 也必須找到倍數成長的方法。

當 Twitter 在「西南偏南大會」（South by Southwest Conference，簡稱 SXSW）*向所有科技嘗鮮者展示他們的技術時，才一夕暴紅。

Twitter 在大會現場擺滿了電視牆，不停地播放含有「#SXSW」主題標籤的直播影片，大力鼓勵人們用 Twitter 發布訊息，例如最熱門的活動是什麼、哪些論壇最精彩等等，大會現場的每一個人都目不轉睛地盯著電視牆上的直播影片看。從在 SXSW 成功行銷開始，Twitter 不僅發明了主題標籤的功能，也立刻引起轟動。

上述案例中，這些產品都是因為獨特的行銷通路或成長引擎策略獲得驚人的成長，而不是因為產品極為出色或擁有龐大的行銷預算。事實上，這些策略都不需要龐大的行銷預算。然而，這些產品確實都找到和產品獨特性相輔相成的成長策略，讓他們能免費取得沒有數百萬名也有數十萬名的目標用戶。

* 譯註：是由西南偏南公司（SXSW Inc.）在美國德州奧斯汀舉辦的一系列音樂、電影、多媒體互動的藝術節與大會。

爆炸性成長訣竅 21

你不能等到事後才想出成長策略。若產品很出色，卻採用拙劣或傳統的行銷計畫，成效會很差。你是否有一套成長引擎策略呢？

他們痛恨你是因為在意你

我們很早就看出跟過去的IMFT相比，MNP的表現更好、更有搞頭（之後理所當然地進化成AYI），其中一個原因是，人們開始很在意這項產品。從MNP推出的第一天開始，我們App的留言板上每天都出現數百則貼文（有時則是一天數千則）。

在MNP早期最熱門的發文裡，有一則指控我們的產品和公司反同性戀。這絕對是子虛烏有的事，然而這項不實指控，源自於App不支援同性戀者進行配對搜尋。這是我的不慎疏忽，不是刻意要排除同性戀者。儘管我們根本不反同，這篇發文的攻擊力道還是很強。

大家並不知道，我們的App雖然擁有龐大的流量，但還是只有一位軟體開發者——邁克。MNP的成長十分迅速，不太可能要求已經責任過重的邁克再去開發這項重要功能，當時他最主要的任務，是讓App維持穩定連線的狀態。不過這樣的解釋自然無法平息用戶的憤怒。

即便這次經驗不太愉快，我也充分了解到，用戶的情緒反應極為重要。人們對我們的產品感到憤怒，並主動表達不滿，代表他們其實很在意。相反地，假如大家什麼都沒說，就表示有問題了，因為這表示這產品對他們而言無足輕重。

爆炸性成長訣竅 22

如果使用者有所抱怨，代表這項產品夠好，所以他們很在乎。如果都沒有人抱怨，那才是真的有問題。請問，有任何人抱怨你們的產品嗎？

這才是神奇之處

然而，使用者這樣「黑」我來表達他們的在乎，並不能和「我們的產品很棒」劃上等號。厭惡代表熱情嗎？是的。用戶花時間表達他們的不滿，是否表示你們的產品值得他們花費時間和力氣？絕對是。但這一點都不神奇。如果有人願意花時間告訴我，他們有多喜歡我們的產品，那才稱得上是神奇。

在拚命進行各種測試的同時，我養成了閱讀所有客服郵件的習慣。很多年輕主管和執行長不會這麼做，我認為這是很可惜的，因為我們透過這種方式，獲得了一些關於新功能和網站改進的絕佳構想。

我們每天都會收到數百封客服郵件，在我開始閱讀信件的第一個星期，有封信吸引了我的注意。信的一開頭先是感謝我推出了AYI，因為這名用戶在使用AYI後，發現她的一位朋友也在使用，於是她點擊他的個人檔案，然後他們完成了配對。他們開始刺探彼此是否互相喜歡，沒想到，他們還真的偷偷喜歡對方很多年，卻從來沒有勇氣告白。

對我而言，這是一封很有趣也很有意義的信。不僅使我確信，我們的App真的可以幫助使用者找到適合的男女朋友、改善他們的生活，也更讓我覺得，我們確實在創造一件神奇的事。

那時，除了我們以外，還沒有其他交友網站能夠如此深入用戶的朋友圈，以此尋找潛在配對人選，或藉由朋友圈的人脈幫助用戶認識新朋友。

閱讀所有的客服郵件，因為只要你仔細閱讀，就會發現裡面藏著珍貴的寶藏。若是客服郵件數量太多，指派某個人每周為你進行相關簡報，但千萬不要和顧客斷了連結。你上個月是否讀了所有的客服郵件呢？

令人感到無比驚奇

我從這封信中獲得滿滿的正能量，於是又開始思考，是否可以再次把某件用戶已經在做的事變得容易十倍，如此，我應該能創造出傲視群雄的產品或功能。

我認為可以新增一個篩選條件，使用戶更容易透過朋友來尋找潛在的配對人選。他們可以選擇只瀏覽自己的好友名單，看是否有配對成功的結果，而非數千筆搜尋結果裡隨機跳出來的對象。對用戶來說，得知有配對成功的結果是很奇妙的一個體驗，如果能和自己的朋友完成配對那更是無比神奇。這又給了我們一個終極目標，那就是讓用戶在離線時，主動開口跟朋友們討論我們的產品。

口碑是一種免費宣傳，它能帶來巨大的優勢。我認為這項創新可以促使大家開啟這樣的對話：「嘿，我昨晚在你的AYI的個人檔案上點擊『是』，結果你知道嗎？我們居然配對成功了！這也太好笑了……等等，所以你對這件事有什麼看法？我的意思是，這其實並不瘋狂，對吧？」

這就如同合成類固醇的效應愈演愈烈。當活躍於二十世紀末的前美國職棒大聯盟選手馬克・麥奎爾（Mark McGwire），坦言自己曾經服用大量的雄烯二酮（Androstenedione）*後，居然在市場上掀起一股熱潮，讓製造這種膳食補充品的家庭工業興起，至今仍蓬勃發展。

在進行用戶獎勵機制的A/B測試（A/B Testing）**時，我們導入了「和朋友配對」的概念——我們要用戶邀請二十位朋友，使他們有機會看看哪位朋友喜歡自己，結果成效驚人。

讓AYI變好十倍、一百倍，甚至是一千倍

歷史上許多出色產品的共通點是，將人們已經在做的某件事變得更好或更容

＊ 譯註：是含有睪固酮的一種男性賀爾蒙，可以促使人體製造類固醇激素。

＊＊ 譯註：指將想要測試的變因做成A、B兩種不同的版本，利用工具讓造訪網站的人均分至兩個版本，每一名用戶在網頁上的動作都會被記錄下來，最後選擇目標達成表現較好的版本。

易，也就是我先前提過的「十倍成效」。AYI解決了所有IMFT遇到的棘手問題，　用戶能夠建立完整的個人檔案（包含照片和其他重要資訊），他們只要點擊一下，就可以載入自己在Facebook上的個人檔案。此外，用戶的個人檔案也會跟著Facebook一起同步更新。這意謂著AYI的用戶資料不會過時，而這也是所有交友網站都會面臨的一大問題。

那時，其他交友網站都無法提供這項功能。雖然我很難給出一個確切數字，但AYI不只比它們好一點，而是好非常多。差距大到就算我們就此暫緩開發新功能，也是合情合理的選擇，然而，這絕對不是一個聰明的選擇。我們必須竭盡全力、持續創新，並且試著讓AYI變得比其他交友網站好上一百倍，甚至是一千倍。

當你與另一家公司的關係，像我們和Facebook這樣密切時，很多人都會以為你們是同一間公司，或者至少是旗下的分公司。Facebook那個時候會限制用戶能夠新增的好友人數，而我們則開始收到抱怨這項限制的客服信件。我因此意識到使用者很在意我們這兩個網站，於是這便激發出了另一個構想。

我心想：「大家用我們的App和其他人取得聯繫，然後在Facebook上將他們加為好友。我們為什麼不把這件事變得容易一些呢？」於是，我們建立了一項新功能——用戶們可以在AYI上點擊另一名用戶，同時直接發送Facebook好友邀請給他。那時公司已經度過了「努力存活下來」的前期階段，進入到「試著營利」時期，因此我們將它設為付費功能，結果證明，這項附加功能確實有利可圖。

因為增加用戶喜愛，而且「僅此一家，別無分號」的功能，我們成了網路交友產業最具前瞻性的公司之一。之所以會有這種區別，主要是因為我仔細聆聽用戶的需求和喜好所致。親自閱讀所有留言板上的貼文和客服郵件，使我對如何持續改進我們的產品、解決顧客遇到的問題有深刻的想法。當我們開始實行這些改進措施之後，AYI大幅領先比其他既有的線上交友網站。

隨著公司日漸成長，決策者和執行長往往會和用戶漸行漸遠，因為僱用了一批員工來解決客服問題。諷刺的是，低薪員工（通常是客服人員）反而最了解用戶體驗和顧客需求，卻無法持續追蹤相關問題或用戶給予的回饋。在此提醒，切記千萬不要與你的客戶斷了接觸。

爆炸性成長訣竅 24

你是否讓所有員工（包含管理階層）每季花一個小時進行客服工作——接聽電話並回覆客服郵件？

「俊男美女」功能

我和公司早期的一位工程師——納札爾一段無傷大雅的對話，促成了AYI另一項最成功的附加功能。當時我們正為了測試其他功能，而在App上瀏覽用戶的個人檔案，我注意到一件奇怪的事：「為什麼我們看到的每一筆資料都是金髮碧眼的美女？」

他回答：「我不想告訴你，因為你會生氣。」

我平靜地說：「我不會生氣……基本上，我幾乎不生氣的。」

他難為情地回答：「克里夫，我們的App有很多用戶，但不是每個人都那麼有魅力，而我自己則是非常欣賞女性美麗的外表……所以偷偷建立了一個功能，讓我瀏覽個人檔案時，系統就只會顯示美女的資料。」

我沉默並思考了一下（同時忽視這當中的膚淺思維），然後說：「你真是個天才！它是怎麼運作的？」

「其實很簡單，我只是根據用戶被按讚，而不是被跳過的比例設置篩選條件而已。如此一來，當我瀏覽個人檔案時，系統就只會顯示那些被按讚率最高的女性。」

我立刻決定把這個篩選條件設為付費功能，我們將它稱作「俊男美女」功能，這也為我們賺了不少錢。

爆炸性成長訣竅 25

盡可能僱用也使用你們產品的員工，因為他們會有一些很棒的構想，甚至比那些不是用戶的員工還要出色。你是否至少有20%的員工定期使用你們的產品？

最棒的構想可能來自奇特的地方

就像獲得啟示一樣，絕妙的構想也可能來自某些奇特的地方。發現「俊男美女」功能的經驗很特殊——**最棒的構想，不見得是那些高薪的人想出來的**。我發現，客服郵件和對網路交友產業一無所知的工程師，竟然可以激發或設計出這麼出色的功能，這都是我創立公司時沒有想到的。

當我意識到出色的構想可能來自奇特的地方後，就決定每個月召開全公司參與的腦力激盪會議。在會議上，所有人都能針對產品提出想法，這些構想或許之後可以派上用場。

每個月召開一次腦力激盪會議（會議主題最好是「產品新功能」或特定目標），並且鼓勵全公司同仁參與。你最近是否召開過全公司參與的腦力激盪會議呢？

趁虛而入

比起成為 Facebook 病毒式傳播和功能建置的專家，網站最佳化更重要。我們必須確保，我們的網站表現良好，並維持穩定連線的狀態，沒有嚴重的畫面延遲問題。

ＡＹＩ隨時都會有數萬名甚至數十萬名用戶同時在線，這可能會嚴重影響網站的表現。那個年代，鮮少有公司遇到這種問題——數量如此龐大的用戶同時試著連線，因此必須認真看待。

當時，和我們在 Facebook 上爭奪生存空間的競爭對手之一，是一個名為 Matches 的新 App（先前提過，已經與時代脫節的產業龍頭 Match.com 是不同公司）。因為成長過於快速，開始經常出現網站癱瘓的問題，他們的經營者決定讓這個 App

斷線一個星期，重新編寫程式碼，同時確保新版本可以承載如此龐大的流量。

這是一個相當大的賭注，但我很肯定他明白 Matches 不能再這樣繼續下去。他不畏艱難，並且決定以果決的手段解決問題，在某種程度上，我對他的堅決果斷感到欽佩。然而，我不認為他們能夠在斷線一周會重新復原。若是我們公司面臨同樣的問題，應該也已經玩完了。

我們的資金所剩不多，這是攸關公司存亡的關鍵時刻。AYI 必須利用這個機會趁虛而入。此外，也必須確保自己最後不會遇到相同的狀況。如果要冒險，現在正是時候，我決定委託其他公司進行網站最佳化的工作，以便更順暢地承載當前和未來的龐大流量。我們為了這項網路最佳化服務花了很多錢，因為委託的是評價最好的公司。我給他們的指示也十分明確——我們無論如何都不能忍受網站癱瘓。

這項投資很值得，我們的網站不曾癱瘓過。不僅維持穩定連線的狀態，還跑得比以前更快，當 Matches 的 App 重新上線時，我們已經取得了數十萬名用戶，他們則是從未回到斷線前的榮景。我深信，若是我們沒有進行這項有點風險的鉅額投資，或者 Matches 選擇在解決問題時，讓他們的 App 保持連線狀態（假設有資金這麼做），這場比賽的結局或許就大不相同了。

對網站可靠性（reliability）而言，「晚做總比沒做好」的想法是很糟糕的。因為用戶是無情的，一旦你們的產品無法運作，他們很快就會跑去其他地方。你是否主動解決網站可靠性的問題？

作為一家公司，我們學到最寶貴的一課，就是知道何時該冒大險，並委託最棒的團隊給予協助。將來我開創另一份新事業時，如果有需要，我也會馬上這麼做。

賞金獵人

當像 Match.com 這樣的產業領導者（這次我指的是那個已經與時代脫節的產業龍頭）在報導中攻擊你時，你確實能因此得知自己成功了。然而，當一家公司揚言要擊垮你時，不但代表你成功了，你還會坐著由司機駕駛的私人豪華禮車出現；狗仔隊猛拍你的照片，好賣給附近的八卦小報作為封面故事。

Facebook 並非一直是平台巨獸，他們也曾經是一家新創公司，有一些瑕疵需要修正。一開始，Facebook 對於平台上的 App 沒有任何規範可言。為了刺激成長，這些 App 可以在用戶的塗鴉牆發布貼文，並且進行各種活動，於是有些公司自然就得寸進尺、變本加厲，逼得平台只好祭出懲罰，叫他們把髒手拿開。

當時有不少 App 仗著 Facebook 沒有任何規範，就不斷地用垃圾訊息轟炸用戶，把 Facebook 介面弄得一團混亂，破壞了用戶體驗。但是我不願意鑽這樣的漏洞，讓公司用不正當手段迅速成長，我經常問自己：「我能否面不改色地向投資人或 Facebook 解釋我們的任何舉動，同時驕傲地表示這些行為增進了 Facebook 的用戶體驗？」若是連我都不相信自己的回答，就不會做這件事。

SNAP Interactive 絕不採取不正當手段、破壞用戶體驗，無論可以得到什麼好處。我們是一家上市公司，所以必須特別小心謹慎，加上我也不是會做這種事的人。我會成為一位創業家，是因為想用創新技術改善人們的生活，而不是肆無忌憚地騷擾他們。

結果，這樣的態度使我們和 Facebook 的關係得以維持，多年來，我們看到某些競爭對手被全面禁止活動。我們成了 Facebook 偏愛的合作對象，最後在他們的「許可清單」中取得一席之地，只有名列清單上的交友網站才獲准在他們的平台上從事行銷活動。說實話，一家新公司要獲得這種權利極其困難，沒有這樣的權利會是一大損失。

由於部分 App 的不當行為，Facebook 不得不實行一些政策和規範，限制這些害群之馬在網站上的活動。遺憾的是，這變成了一場你來我往的遊戲——為了解決某個問題，Facebook 設立了幾項規定，而這些害群之馬就見招拆招，讓自己的行為剛剛好不踩線（但也相差無幾），繼續騷擾使用者。這造成 Facebook 的規定不停地更改，大家要跟上所有規定的更改速度極為困難，甚至很容易在不知情的狀況下違規。

在這段令人不安的日子裡，我們參加了一場 Facebook 舉辦的座談會。AYI 當時是十大 Facebook App 之一，同時也是最大的交友 App，我們的成長引擎策略已經正式啟動，一切正急速前進。我們是公認「最了解網路交友」的公司，也很擅長藉助病毒式傳播的力量，在 Facebook 上成長到新高度。

在這場座談會上，一位 Facebook 的高層人士把我拉到旁邊說，與會者當中有一家非常大的公司，正想盡辦法將其他 App 擊垮。對方募得了一筆龐大的資金，同時也是 Facebook 上最大的軟體開發商之一，所以他們有錢也有權這麼做。

幸好我們被認定是 Facebook 上的「好人」，因為一直確實遵守遊戲規則。由於關係良好，Facebook 才特別提醒要小心提防這件事。那位高層人士還告訴我，這家公司為了消滅競爭對手，會揪出所有違反規定的狀況，並一一向 Facebook 報告。

更糟的是，他們新僱用了一位全職人員，類似某種賞金獵人，他唯一的任務就是盯緊 SNAP Interactive。

這位高層知道要跟上政策和規範更改的速度極其困難，但他也跟我說，如果我們被舉報沒有遵守某項規定，Facebook 還是必須祭出懲罰。這些懲罰可能會很嚴厲，例如讓我們的 App 完全斷線——這對我們而言，根本等同於謀殺。

抄襲者

「模仿是最好的恭維。」

——十九世紀英國作家與教士，查爾斯・迦勒・科爾頓（Charles Caleb Cotton）

SNAP Interactive 正式面臨殘酷考驗：有個奸詐狡猾的競爭對手執意要摧毀我們，還有厚顏無恥的抄襲者拚命模仿我們最棒的功能。無論這是不是一種恭維，這樣的抄襲都教人難以忍受。

那時，Hot or Not 是主要競爭對手。我們是最大的兩個交友 App，還曾經談到要一起合作的事，可惜從未發生。真實狀況是，他們抄襲我們的每一項病毒式成長策略，甚至連網站頁尾的錯字都照抄不誤……模仿是一回事，但這根本是無腦的直接抄襲！

Hot or Not並非網路交友產業的新手，他們可說是網路交友App的發明者，曾造成很大的轟動。他們對我們App的功能甚感興趣，明目張膽地抄襲我們的創意，其實比較像是一種絕望中的孤注一擲。他們的活躍度持續衰退，這主要是因為總是比我們慢了一步。他們不知道，我們的App因為不斷測試，改版了很多次，也許正因為他們抄襲的是表現比較差的版本，因此經營起來很不順利。最後，正義終於得以伸張——Hot or Not無法再競爭下去，選擇將App售出，而AYI則持續成長。

這樣的模仿手法使我驚覺，若是過去幾年最成功、最火紅的網站，覺得我們如此聰明、出色、獨特，他們必須抄襲我們才能存活下來，這或許證明在很多事情上，我們應該表現得相當不錯。

爆炸性成長訣竅 28

當競爭對手開始抄襲你們的產品時，你可以完全無視他們的存在，因為這代表他們已經沒有任何創新的構想了。你是否正在抄襲其他產品的功能呢？

被我放棄的一千萬美元支票

事實證明，有些事我們的確做得非常好，但還有些事，我希望能有第二次機會。如果當時我有現在的認知，或許某些關鍵時刻就會變得有點不同。

在說到過往的遺憾時，我會想起那種內心被焦慮不安占據的感覺，這帶來了數個輾轉難眠的夜晚。若是放任它掩蓋對未來的希望，那是很可怕的一件事，我認為成功的創業家不會這麼做。我不會在書裡一直提到它們（因為我已經放下了），但就像法蘭克．辛納屈（Frank Sinatra）*在歌中唱的一樣，「遺憾……我曾經有過一些」。

在藉由Facebook取得爆炸性成長時，曾有一位創投業者向我提出了誘人的提議，我卻拒絕了。

那位創投業者要我飛到矽谷跟他見面，我答應了，因為可能會獲得一大筆資金。會面時他告訴我，他覺得SNAP Interactive的表現很出色——我們有很棒的產

*譯註：美國著名男歌手，常被認為是二十世紀最優秀的美國流行歌手之一。

品，我們成長得十分快速，他也想參與其中。他先是表示願意以龐大的資金投資我們公司，接著開始說明後續執行細節。

「如果我投資你們，你們將躍升為全世界最大的交友網站。以 Match.com 目前的市值，再加上未來的成長，你們將會有十億美元的價值。」

他提出的構想，是用他投資的錢在 Facebook 上取得數百萬名用戶。如此一來，就很容易看出當我們擁有五千萬或一億名用戶時，能夠達到何種境界。這是一個簡單的假設，數學不會騙人，我完全同意這麼做一定會效果驚人。

他說：「這將是一筆可觀的資金，但有個條件，那就是你必須搬到矽谷，並且把你們公司一起帶過來。」我問他：「為什麼？」

「因為所有頂尖的 Facebook 工程人才都聚集在那裡，我希望你直接跟他們合作。一家紐約的公司不可能有辦法和矽谷的同類公司競爭。」

老實說，我完全同意他的看法。我們何其幸運，一開始就有像邁克．謝洛夫和吉姆．蘇普萊這般優秀的專業人士一起工作，但我們很難再找到更多這樣的人才，畢竟紐約的人才庫還是比不上矽谷。

我認同在科技界，人才決定一切，但我也明白，某些關鍵人物對我們公司的建立和成長有著重大貢獻。我的兄弟達雷爾和我爸都住在紐約，他們也從公司創辦一開始就高度參與其中，更別說還有許多像吉姆和邁克這樣的重要員工。不過，他們很有可能都不願意離開紐約的長島，沒有他們的 SNAP Interactive，感覺實在不太對。我只好告訴這位投資人：「不了，但還是謝謝你。」

他再度說明：「如你所知，我口袋裡有一張一千萬美元的支票，我今天要把它交給某個人。如果你想要的話，它就是你的，但如果你不想，我就會把它交給其他人。這個人已經在矽谷，他們公司很快就會成為你們最大的競爭對手。」最後，我回覆他：「我了解，但這種事不會發生。」

我不曾告訴任何人關於這段對話的事。這麼做似乎風險極大，我認為可能會嚇到公司裡的夥伴。無論如何，我都不希望有人覺得，他們在這家公司時日無多，在這種氛圍裡工作，人們都很容易分心（即便能力再出眾也一樣），所以有很長一段時間，我都選擇保守這個祕密。

不久後，Zoosk（我們最大的競爭對手之一）募得了約兩千萬元美金左右的創投資金。他們公布了成長計畫，令人不安的是，那和我在矽谷有過的這段對話十分類似。Zoosk 宛如在熱帶島嶼度假、喝得酩酊大醉的水手，開始瘋狂撒錢。他們用剛募得的資金取得了數百萬名用戶，這最後使他們的規模變得比我們大上許多。

若是那天我答應了創投業者的要求，會發生什麼事？我們肯定會走上一條截然不同的路。在很短的時間內，Zoosk成了一家價值數億美元的公司，也曾經一度準備進行大規模IPO。最後，他們因為產品沒有我們好而苦苦掙扎，但他們依然存在，而且營收還曾數度超越我們。

好笑的是，當我一把這個祕密說出來後，我就後悔為什麼要放棄那一千萬美元。長遠來看，拿到這筆錢應該是對公司是最好的選擇，但是當時對我而言，員工就是我的一切。我不想在事情進展得如此順遂時失去他們，讓公司分崩離析。

我最感到懊悔的是，我甚至不曾多加思考把公司搬到矽谷的可能性，而是當場就抹殺了這個構想。或許我當初可以跟員工分享我的想法，說不定他們願意一起搬去矽谷，即使不願意，至少我探究過這件事的可能性，我可以再向他們保證公司不會搬去任何地方。

走開，沒有人在家

用我的方式來做事情通常感覺很好，但不代表永遠只能遵照我的做法。三不五時會發生一些事，提醒我必須做出改變，而且有時候是很大的變動。

「放下窗簾、把燈關上，不要應門或接聽電話。所有人都保持安靜，並且遠離窗戶……」當狂熱的宗教團體來到大門口、煩人的推銷員打電話來，或是帳務催收人員出現時，我們大多數人都會這麼說、這麼做。

現在，請把 SNAP Interactive 想成帳務催收人員，然後把某個著名大型廣告聯播網，想成躲在矽谷豪宅窗戶後面的人。這家聯播網欠了我們九萬美元（這幾乎是我們月營收總額的一半），而且不打算支付。

在這家公司（姑且稱為A公司好了）決定偷走我們九萬元廣告收入的兩周前，雙方才剛開過會。在會議上，他們指派了一位專員給我們，並表示雙方之間的合作關係對他們而言有多麼重要。

兩個星期後，所有繁複的禮節、友善的態度，以及任何形式的溝通全都消失無蹤。為了收取這筆款項，我們打電話給他們很多次，卻得不到回應，對方始終保持沉默。

A公司其實非常有錢，九萬美元之於他們，就像十美元之於我們公司、五分錢之於一般美國勞工一樣，因此「缺錢」絕對不是不付款的原因。我不禁產生這樣的懷疑：有另一個很大的交友網站，同時間也和A公司有更多生意往來，很可能是這個網站唆使或脅迫他們把我們趕走。儘管我永遠無法證實這種臆測，這是我唯一覺得合理的解釋。

AYI一直都以廣告作為收益模式（這部分會在下一章做更詳細的說明），所以，當這個近乎貢獻月營收總額一半的客戶決定裝死不付錢時，我們簡直嚇傻了而且擔憂得不得了。Facebook給了我們數百萬名用戶、讓我們獲得成功，SNAP Interactive可說是所有的身家都壓在這裡了。因為其他公司的脅迫而被偷走營收，使我體認到，我們太過依賴單一廣告聯播網。我無法想像如果這些聯播網破產了，或是有更多聯播網不付我們錢，會發生什麼事？

我得出一個結論：我們必須對自己的命運有更多的主導權。有個方法可以做到這一點，那就是將收益模式從廣告轉向訂閱制。但這樣做是對的嗎？

爆炸性成長訣竅 29

若是你們最大的收入來源不再付錢，或是消失了，你們公司能夠至少存活六個月嗎？請現在就想出一套應變計畫。

6 兩年內，營收從三百萬成長至一千九百萬美元！

「時機、堅持，以及十年持續不斷的努力，
最終會讓你看起來像是一夕成功。」
——Twitter 共同創辦人，比茲・史東（Biz Stone）

二〇〇九年十一月，SNAP Interactive 因為ＡＹＩ這個最大、最活躍的交友App，在網路交友產業變得很有名。在 Facebook 上，它始終維持在最熱門 App 前五名的位置，甚至還一度衝到了第二名。當時，這個 App 的安裝次數已經超過兩千萬次，每月活躍用戶數也有數百萬人。

然而，我們仍舊感到些許挫敗。有很多 App 和我們很類似，或者較為遜色，預估市值卻高達數億元美金，或是以這個價格售出。作為一家上市公司，我們依然沒有遇到識貨的伯樂。

華爾街還是沒有對我們的成長和用戶指標做出正確評價，我們公司的預估市值還不到一千萬美元——這只比剛提出新構想的新創公司多一點而已。我們試著募資，但在接觸過的一百位投資人中，沒有人願意出資。是的，我們接觸了一百位以上的投資人，他們因為各種千奇百怪的理由，拒絕提供任何資金。

當一家公司轉上市時，通常是獲取最大報酬的時候，也因為我們已經上市，所以大多數創投公司都不願意投資，我們只能轉而尋求公開市場上的投資人，例如對沖基金（hedge fund）*。

然而，令人沮喪的是，由於我們的預估市值太低，無法在納斯達克交易，公司的股票只能在場外櫃檯交易系統（Over the Counter Bulletin Board，簡稱ＯＴＣＢＢ）

交易**，礙於法律規定，大多數對沖基金都無法提供資金給我們。

我們也想過將公司私有化***，但程序極其複雜。此外，還必須面對另一個不利因素，那就是華爾街還不了解 Facebook 和他們的潛力。我們實在是進退兩難。

與此同時，Zoosk 剛募得約四千萬美元左右的創投資金，推出「開心農場」等暴紅遊戲的線上遊戲公司 Zynga 則募得了五千萬美元。我們的競爭對手有龐大的資金，能用來取得用戶、行銷，如果他們想要的話，還可以購買其他有的沒有的休閒用具放在公司，而我們卻深陷劣勢。那時，要繼續瘋狂成長變得很困難，所以必須做點什麼來扳回一城。

我們的廣告收益模式幫不了我們，因為每天的市場狀況不同，廣告收入差距可以高達百分之五十。當市場反應冷淡時，我們的營收也跟著大幅下滑。此外，只要

* 譯註：又稱為「避險基金」，是指在募集所有投資人的資金後，由專業基金經理人進行投資的一種基金，其利潤和虧損均由投資人承擔。

** 譯註：在美國的證券交易體系裡，除了證券交易所，還有大量的股票在交易所之外交易。與納斯達克相較，在OTCBB上市的公司一般都是規模較小的企業，或是那些已經不符合主板市場的上市資格，轉而到OTCBB市場掛牌的企業。由於其上市門檻和上市費用都較低，許多新興企業，包含當年的微軟都選擇先在OTCBB上市，等公司進一步壯大，條件成熟後，再轉入主板市場交易。

*** 譯註：指由上市公司大股東全數買回小股東手上的股份，接著撤銷這家公司的上市資格，變成大股東自有的私人公司。

年度	營收（千元美金）	年增率
2007	425	NA
2008	3,012	609%
2009	3,171	5%

我們的網站癱瘓兩個小時，就會損失當日營收總額的百分之十。儘管我們在短短兩年內，就經歷了驚人的成長並因此獲利，第一年之後，我們的營收就陷入停滯，二〇〇八至二〇〇九年只成長了百分之五。

我們對於接下來如何再讓營收暴增一點概念都沒有——偏偏這是投資人都希望看到的事。

從廣告轉向訂閱制

「訂戶比一般顧客更好。」

——《讓顧客的錢自動流進來》作者，約翰．瓦瑞勞

我們必須改變營利的模式。我們想要掌控自己的命運，而以廣告作為收益模式太不可預測，所以將收益模式改為「訂閱制」是顯而易見的選擇。這在網路交友產業已經是很普遍的做法。

訂閱制收益模式十分穩定且易於預測，不僅能準確預測數個

月的營收，也可以確保現金流量充足。一旦知道未來會有穩定、持續的營收，就有足夠的信心投入這份事業。不用再擔心會因為哪個大客戶決定不付款而損失半數收益，甚至就算網站暫時癱瘓，也不會影響到訂閱的狀態。

這樣說來，將收益模式從廣告轉向訂閱制不會是什麼問題吧？錯！問題可大了，我們過去提供的是完全免費的服務，現在要怎麼告訴用戶：「嘿，謝謝你曾經免費使用我們的網路交友App。從今天開始，要使用相同的服務，請每個月支付十美元、二十美元或三十美元的費用喔！」

測試

我們都明白，馬上向既有用戶推行訂閱制極其愚蠢（堪稱十倍愚蠢），所以必須謹慎行事，因此在仔細測試三個月之後，SNAP Interactive 小心嚴謹地實行了新的收益模式。但這樣就夠了嗎？

一開始是在我們的第二大市場——英國，進行測試，測試時間結束後，我們評估了這項改變對營收和用戶造成的衝擊。數據清楚顯示，即便網站使用率下降得很快，「首次訂閱」貢獻的營收卻立刻翻倍——這甚至在續訂用戶產生影響前就發生了。

年度	營收 （千元美金）	年增率	累積增幅 （2007年之後）
2007	425	NA	NA
2008	3,012	609%	609%
2009	3,171	5%	646%
2010	6,669	110%	1,469%
2011	19,156	187%	4,407%
2012	19,247	0%	4,429%

我們深信，營收三位數的成長能使我們透過付費宣傳的方式，更快取得用戶。如此一來，就可以彌補因為推行付費制，導致短期內用戶成長率和網站使用率降低的問題。最後，我們都認定測試結果非常成功，於是開始以這樣的模式營運。

因為期待將來能僱用更多員工，並達成營收三位數成長的目標，我們全面改採訂閱制，並預期投資人會成群結隊地找上門來，就像歌迷在音樂廳售票口排隊買票，等著看女神卡卡在演唱會上展示她那套前衛的「生牛肉裝」一樣。

結果如何？

一開始，事情發展確實一如預期：我們的營收不僅暴增，甚至接連十二個季度都持續增長——從每年三百萬美元成長至一千九百萬美元。無論用什麼標準來衡量，這都是驚為天人的表現，也為我們帶來許多掌聲和罵名。從營收的角度來看，我們的確光憑著這項策略性的改變，便獲得了爆炸性成長。

衰退90％

當我們的營收上升時，網站的使用率卻持續下探至約百分之五十左右。這完全在預料之中，因為在英國進行測試時就已經得到這樣的數據。我們一點都不驚慌，因為計畫本來就是將增加的收入用在行銷上，以取得更多用戶。我們認為，這樣可以彌補向用戶收費所導致的流量損失。然而，在某些地區，有些指標急速下降了百分之九十，即便營收成長力道強勁，這無疑是個警訊。此外，我們也沒有料想到，一開始持續成長的營收，幾年後也開始下滑。

隨著使用率下降，用戶體驗也變差了。突然間，網路效應反而變得對我們不利。如果App沒有穩定更新的交友名單可以瀏覽，幹嘛還要每個月支付十美元呢？負面效應持續發酵，而且一想到過去這是可以免費使用的服務，用戶當然是感到更火大了，我實在不怪他們。

在App的世界裡，使用者的評論決定一切，許多潛在顧客會完全依據這些評論來決定購買與否。憤怒的使用者不僅在Facebook上留下大量苛刻的評論，也在我們新推出的 iOS 版 App 中留下了許多負評。我們就像是打著赤膊衝進洋基球場的醉漢，在眾目睽睽下被制伏在地。

我們學到了些什麼？

事後看來，我們從這次經驗學到幾件教訓：

- 我們進行測試的時間不夠長，不足以顯示，改變收益模式長遠來說會對公司造成怎樣的影響。在全面推行之前，我們還是應該要先試行六至九個月。
- 不可以讓既有用戶為過去免費使用的服務付費，這會使他們感到憤怒、留下負評，導致你們與用戶關係惡劣。這也證明了我先前提過的：若是他們討厭我們，代表他們很在意。

此外，你是否有將目前免費提供的功能改為付費模式的打算？

- 對於如何更聰明地進行改變，我們應該花更多時間集思廣益。如果我們想得夠久，就會發現更好的方法：針對新功能和進階功能收費，至於基本服務則維持免費。

爆炸性成長訣竅 30

收益模式的測試必須持續好幾個月，才能看出對用戶成長與留存率的實際衝擊和長期影響。太快下結論，可能會帶來極為負面的結果。在下結論前，你是否會一直等到關鍵測試結果達到統計上的顯著水準（level of significance）*為止？

爆炸性成長訣竅 31

絕對不要對那些用戶已經習慣免費獲得的服務收費。他們會產生反感並留下負評，造成無法彌補的傷害。

爆炸性成長訣竅 32

用新開發的功能向用戶收費，而不是將原本免費的服務改為付費模式。

＊譯註：指進行假設檢驗時的一個概率值。研究者會預先設定顯著水準，當研究結果發生的概率小於此一概率值時，研究者就會拒絕原假設，因此，此一設定值又稱為「拒絕水準」。

推薦書單

約翰・瓦瑞勞，《讓顧客的錢自動流進來》。

「按摩棒是不被接受的」

各家公司總是設法提升營收，比起取得新用戶，讓既有顧客願意為了新功能掏出更多錢來，是容易許多的策略。這稱作「提升每位顧客的終身價值」（Lifetime Value，簡稱LTV），也就是提升每一位顧客未來可能帶來的收益總和。

當我們開始實行訂閱制模式時，每位顧客的LTV上限約落在每個月二十美元左右。當時，我們藉由虛擬禮物大幅提升每位顧客的LTV，也改善了我們的財務狀況。

虛擬禮物其實是一種貼圖，圖像包含玫瑰、錢、鑽戒、金條、汽車之類的東西，大家可以在網路上透過訊息傳送給對方。那個時候，它們在各種即時通訊軟體上流行起來，但尚未在交友App上出現，直到我們導入這項機制為止。

在我們的App裡，通常男性會用虛擬禮物這種小玩意，來突顯自己和其他競爭者的不同。大多數男性會送比較便宜的虛擬禮物（像是價值幾美元的花束），但那些較為昂貴的虛擬禮物，例如價值五十美元的金條，則代表贈送者的收入等級和誠意有所不同——這對女性來說有其吸引力。當我們發現到這件事時，就將每一項虛擬禮物的價格確實顯示出來，方便用戶們在收到訊息時，看到這個價格。

透過虛擬禮物，這些「大課長」（希望藉由花費大筆金錢，讓自己脫穎而出的用戶）永無止境地在App中花錢，登上「課金冠軍」的寶座。他們這種行為提升了我們的營收和每位顧客的LTV。

虛擬禮物成了男性之間的金錢競賽。從心理層面來看，這場競賽對全世界的男性而言，都具有重大意義。數百年來，男性願意提供珠寶、跑車、豪華飯店，以及他們的收入可以負擔的種種事物，只為了獲得女性的青睞。為什麼這種行為不能延伸到虛擬世界呢？

有趣的是，還有一些中東國家的男性，他們在虛擬禮物（多半都是金條）上花費了數千元美金。

大約就是那個時候，有一個名為「怪怪禮物」（Naughty Gift）的App也出現在Facebook上，它是一位名叫亞當·葛利斯（Adam Gries）的成功創業家所推出的。大多數人都用這個App傳送不正經的圖片給朋友，只為了博君一笑，它自然是獲得了巨大的成功。亞當曾經這樣描述他開發「怪怪禮物」的契機：

當時，有一個名為Free Gifts的虛擬禮物App很受歡迎，我因此得到啟發。它有機會暴紅，是因為用戶可以同時把禮物發送給二十位朋友。Facebook會通知收件人收到虛擬禮物，為了要開啟這項禮物，他們就必須下載這個App。我相信，將一個已經有效運作的App（Free Gifts）略做修改，讓它成為能引發高度迴響的市場次區隔，再給它取個具有挑逗性的名字（怪怪禮物），很可能會成功。

對我來說，提供怪怪的虛擬禮物是一個市場突破點。只要想像一下，當你收到「亞當送了一份禮物給你，請點擊這裡，看看它是什麼吧」，和「亞當送了一份『怪怪』禮物給你，請點擊這裡，看看它是什麼吧」這樣的通知時，你會比較有興趣點開哪一個？

重點在於，這和「好奇心點燃熊熊烈火，性就是最佳賣點」的概念是一樣的。幾個月內，我們就取得數百名用戶、吸引大批媒體報導（包含《紐約時報》），也因為這項巨大的成功，我們得以將這個App售出。

我們曾經思考，能否將這樣的功能和自家的虛擬禮物結合在一起。然而，我們也意識到，前幾章提過的那家大公司仍舊緊盯著我們，只要有任何違反Facebook規定的情況發生，他們就會立刻出手檢舉。

與其被動地做出反應，我們決定直接面對任何可能存在的問題，所以主動與Facebook聯繫，弄清楚什麼圖像是他們可以接受的，哪些圖像則是不被容許的。我們寄了一封夾帶大量圖像（像是四角內褲、胸罩或是其他情趣用品，例如手銬或面罩）的電子郵件給Facebook，詢問哪些圖像可以使用，哪些則不行。

之後，Facebook的政策團隊回信了，其中我最愛的一封信清楚表明：「大部分的圖像（包含手銬和皮鞭）都沒有問題，不過按摩棒是不被接受的。謝謝你們先來信確認！」

哈囉，馬克・庫班

雖然我們網站的使用率因為改變收益模式而大幅下滑，營收數字依然向上攀升，因為我們仍舊提供絕佳的用戶體驗，同時也持續新增用戶喜愛的功能。此外，當時我們的股價還是很低（這時距離二〇一〇年十二月下旬還有好幾個月）。儘管華爾街依然忽視我們，在Facebook社群裡，我們已經是獨特且眾所周知的存在，對精明的投資人而言，敝公司或許是不錯的投資標的。

說到精明的投資人，有一天，我在瀏覽公司的股東名單時，看到馬克・庫班的名字出現在最大股東當中，這真是一個振奮人心的發現。他從未聯繫我們，所以先前都不知道他是公司的股東。我聯繫上他，最後談論到是否要一起共事。他提出了一些構想，希望我們能用這些構想開發新的App。我拒絕了馬克．庫班，就像我當初拒絕那位口袋裡有張一千萬美元支票、很想投資我們的創投業者一樣。

大約就是這個時候，我也被引薦給其他幾位明星創業家，像是暢銷作家提姆．費里斯（Tim Ferriss）和蓋瑞．范納洽（他們都希望加入我們公司的董事會）。

一切進展得十分快速，但身為一個創業家，我始終希望自己保持專注。我會拒絕庫班、費里斯和范納洽，是因為不想把焦點從網路交友的世界移開。庫班想做的App不是交友App，我擔心自己會因為同時做太多事，導致資源過於分散，而且當時有許多事情同步發生：一邊擔憂賞金獵人和抄襲者的事，一邊改變收益模式，還要管理日漸成長的公司。我總是對自己說：「如果我把事情搞砸了，絕對不是因為我缺乏專注力。」

如今我有機會重新回顧這段過程，我意識到，拒絕那位億萬富翁和這幾位企業界傳奇人物是個錯誤。不過，我會記取這個教訓，繼續往下一個創業目標邁進，我當時還是做了自己覺得正確的事，這令我感到安慰。

億萬富翁法則

若問我是否後悔沒有和馬克．庫班一起工作？是的，我後悔。若問我是否後悔，沒有歡迎提姆．費里斯和蓋瑞．范納洽加入董事會？是的，我也很後悔。

我會犯下這種錯誤，是因為不明白另一項極其重要的成功創業法則：

「我們現階段花最多時間相處的五個人，平均起來就成了當下的我們。」

——勵志演說家吉姆．隆恩（Jim Rohn）

依照這樣的論點來看，假使我有機會與庫班、費里斯和范納洽這樣的人共事，身邊的五個人當中有三個人是他們的話，我應該已經在一家極為出色的公司裡了。平心而論，我不清楚自己能有多少時間和他們一起參與公司營運，因為董事會成員直接參與決策的程度落差很大。然而，我過去目光短淺，不了解讓自己被這些最聰明、最成功的人圍繞，會帶來更好的成果。或許他們其中一人會變成我的導師，並協助我實現夢想——成為NBA球隊的總經理或老闆。（哈囉，馬克．庫班，請問有聽到嗎？）

數年後，我的好友兼導師安德魯，向我說明了他所謂的「億萬富翁法則」：不論何時億萬富翁想要與你共事，千萬別說「不」。

真希望我那時可以更深入思考和這三位明星創業家合作的可能性。不過，選擇專注於核心事業，放棄將業務擴展到不熟悉的領域，是很大的錯誤嗎？關於這一點，我不是那麼肯定。我想最好的選擇可能是，在對核心業務保持專注的同時，持續集思廣益，創造出對每個人都有利的事物。

爆炸性成長訣竅 33

寫下你花最多時間互動的五個人。如果你的能力是這五個人的平均，你會對這樣的結果感到開心嗎？若答案是否定的，也許是時候提升你的核心交友圈了。

爆炸性成長訣竅 34

當億萬富翁想要和你一起工作時，千萬別說不。關於這件事，你是否有充分思考呢？

7 一星期賺進七千八百萬美元

「100 萬美元不夠酷。
你知道什麼才叫酷嗎？ 10 億美元。」
——電影《社群網戰》的台詞

SNAP Interactive（股票代碼 STVI）
周線圖（股票分割前）*

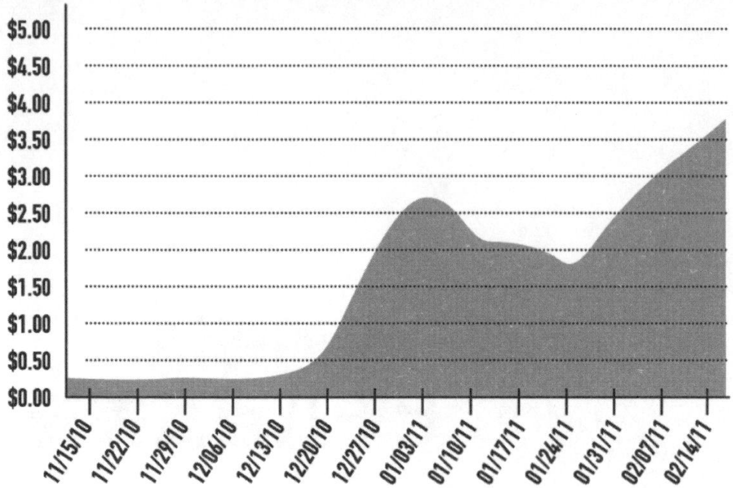

二〇一〇年九月，彭博新聞社的記者打電話給我們：「在華爾街被埋沒的上市公司當中，你們是最棒的，不然就是你們的營收數字弄錯了。我想寫一篇關於你們的報導，或者至少到貴公司拜訪、實際參與你們的工作，看看是否有什麼故事可以告訴大家。」我回答：「沒問題，我們很歡迎你來。」

那天，當他抵達辦公室時，我們給了他所有他想要的東西，包含一些資料，以及和員工進行訪談話。他花了好幾個小時和每個人聊天，並檢視所有的營收數字、確認是否合理，接著就悄悄離開了。然後，他消失了三個月。直到十二月二十二日之前，我

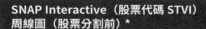

們都沒有再接到他的電話。

隔天，他們便刊載了以「透過 Facebook 好友尋找戀愛對象，促使交友 App 快速成長」為標題的報導，報導裡把我們稱作「交友產業的未來」，以及「上市公司中被埋沒的珍寶」。

Match.com 的前執行長葛雷格．布拉特則在這篇文章中，說我們是「一個用來和異性打情罵俏的有趣 App。公司規模只有幾個人在一間車庫裡工作」。

這篇報導被刊登出來後，我們的股價從每股零點二美元上漲至每股零點五美元，十二月二十九日又一路飆升至三點二美元（上升了百分之一千五百）。最後，我們的股價在二〇一一年二月十五日中午來到四點五美元的最高點，這也使我的個人淨資產超過一億元。

十二月二十二日這一天，開啟了我賺進七千八百萬美元的一周。

＊譯註：股票分割的目的是降低股價，使在市場上流通的股票數量增加，但股本總值不變。通常在股價過高時，公司會透過股票分割的方式，讓每股價格下降，吸引投資人進行交易。

時機決定一切

在這則報導刺激我們瘋狂成長之前，一家名為《PE Hub》的網路雜誌刊登了另一篇文章（它在矽谷和投資界，是非常受歡迎的私募投資刊物）。這篇文章和一個月後改變了一切的彭博社報導極為類似，卻沒有造成什麼影響。事實上，我們公司的股票完全沒有因此成交。

所以，當我們一開始看到彭博新聞社的報導時，並沒有想太多。我們當時不再期望媒體報導會有任何重大影響。直到瑪麗亞·巴蒂羅姆打電話來，接著又看到《商業內幕》的亨利·布拉傑特寫的那篇文章，我們才明白，有什麼特別的事正在發生！

若《PE Hub》和彭博新聞社的報導，基本上內容相同，也針對類似的目標讀者群，它們最大的差別是什麼？這再次證明，時機決定一切。

《PE Hub》那篇文章是在十一月的平日刊出，之後也沒有什麼特殊的日子。然而，彭博新聞社的報導是在十二月二十三日周四刊出，接下來的三天正好股市都休市，要等到十二月二十七日周一華爾街重新開市為止。這則報導一直停留在各地投資人的腦海裡，讓我們公司的股票得以蓄積大量的動能。

想要徹底暴紅最好的方法，就是做某件沒有其他人在做的事，並且把它做好。如果時機對了……結果就是，轟！獲得爆炸性成長。以我們為例，在網路交友的世界裡，我們提供了一套十分簡單直觀的方法。此外，我們遇到了正確的時機，因為彭博新聞社的文章，剛好在那幾天填補了新聞報導的空缺。

一百次拒絕：現在覺得我們如何？

大約就是在《PE Hub》刊出那篇報導的時候，我們接觸了一百位以上的投資人，希望他們能夠投資，結果全都拒絕了。然而，在彭博新聞社的報導刊出後，這些投資人又都打電話給我，他們為了分一杯羹，或多或少都願意放棄先前的原則。在公司價值約八百萬美元時，他們全都直接拒絕我，現在我們的市值是之前的十倍，每個人都想參與其中。

除了高盛集團（Goldman Sachs）立刻來電，全美各地的許多財經刊物也是如此，大家都想多多了解關於我們公司的資訊。他們會問類似這樣的問題：「你們有多少位員工？」我會回答：「我們有十二位員工。」他們會說：「一百二十位嗎？」每次我都必須糾正他們：「不，就只有十二位。」接著開始說出所有人的名字——

達雷爾、吉姆、邁克、金、納札爾、奧莉維亞……因為只有十二個人，要全部記住並不難。

投資人和大型金融公司拜倒在我們的腳下，我們也趁勢利用這個眾所矚目的時刻，募得了一筆可觀的資金。我們以前一星期只會接到一、兩通電話，當時都能馬上接聽，豈知現在電話來得又快又急，根本應接不暇。為了跟這些投資人和大公司應對，後來都把電話轉給律師——真不敢相信，高盛竟然會打來！

這段時間，我們公司的營收正經歷驚人的兩位數成長，獲利也突然變得相當可觀。在此之前，我都是從相信我們的家人和朋友身上募得資金，他們基本上不會參與經營，因此，公司的方向自然不會被哪個獨大的創投業者掌控。

然而，我從過往的遺憾——拒絕馬克・庫班、提姆・費里斯、蓋瑞・范納洽，以及那位希望我們搬到矽谷的創投業者，學到了教訓。在下決定前，我應該要考慮得更多。因為有這樣的認知，我認為自己至少該看看，是否有無法拒絕的機會在等著我們。

狠毒的復仇者

我打了一些電話給不同規模的銀行，同時對他們的提議一直保持開放的態度。遺憾的是，他們提出以下要求，這些要求來得比什麼都快：

- 你們必須舉行「巡迴路演」（road show，針對潛在投資人舉辦說明會）。
- 這將花上我們幾個星期的時間。
- 你們必須放棄一些董事席次。

我沒有時間，也不想聽他們胡說八道、故弄玄虛。我一周工作七天，每天至少工作十二個小時，和程式設計師坐在一起，設法讓公司成長速度保持領先。

我告訴這些銀行：「我會給你們兩天的時間，看能否在這兩天內，以特定股價幫我們募得資金。我知道我在做什麼，我不想向投資人發表談話，也非常肯定，我們不會放棄任何董事席次。」這使得所有銀行都打退堂鼓，除了某家銀行以外。

這位銀行業者跟我說：「我們可以做到這一點。給我兩個星期，我們會把這件事完成。」我回答：「了解，但我沒有在糊弄你，也無法給你們兩周的時間，就只能給兩天。我最多只能做到這樣。」

那天下午，這家銀行派了一位男士來到我們的辦公室。我們花了兩天的時間進行巡迴路演，不停地向投資人發表談話。老實說我真的很不高興，因為大多數時候都在跟與會的投資專家說明一些堪稱基本的 IT 技術概念……這些概念連現在的三年級小學生都很耳熟能詳。

他們反覆提出的問題包括：

* 請問，你現在說的這個 Facebook App 是什麼東西？
* 可以再跟我解釋一次什麼是「動態消息」？
* 我以為我們現在在談的是網站？網站和 App 到底有什麼不一樣？

幸好反覆說明這些粗淺的概念非常值得，因為這群 Facebook 新手興致極為高昂。他們並非典型投資人，對我不願意讓出的董事席次沒有興趣，會想投資純粹是因為我們公司前景可期，現在股票突然變得很搶手，讓他們很想參與其中。

這場交易進展得極其快速——快到令我有點不太自在。新年前夕，我收到所有相關文件，並且花了整個晚上的時間，瀏覽數百頁的法律資料，我手中的筆在紙張上方徘徊，只差簽名就能完成這次交易。然而我逐漸恐慌起來，因為手上翻閱的這一大疊文件裡面，盡是看不懂的陌生條款。

我們的律師鼓勵簽字，卻沒有好好跟我解釋，這些條款可能會帶來怎樣的後果。最後證明，這些條款不只不合理，甚至可以說是惡毒，若真的簽下這一筆魔鬼交易，SNAP Interactive 將會被推入財務煉獄，萬劫不復。儘管當時並不清楚它們究竟有多危險，我還是選擇相信自己的直覺。直覺告訴我，只要我無法完全理解這份合約的重要內容，我就必須把筆放下、立刻退出，不管其他人怎麼說都一樣。

「該死的笨蛋！」

於是，我就這麼做了。我打電話給那位銀行業者：「這項交易不成立。在簽字之前，我必須先了解文件的內容才行。我不會為了趕快完成交易，讓公司陷入危機。」

聽到這話讓他極度不爽，電話那頭不斷傳來怒吼和咒罵聲：「一個星期前，你們還只是他媽的不值一毛的水餃股。你只要簽字就對了，然後戶頭就會有數百萬美元入帳，你只需要放棄百分之十的股權而已！你一輩子只有這次機會！」

我試著插話，他卻大吵大鬧，近乎到了歇斯底里的程度：「你這該死的笨蛋！你他媽的給我快點簽字，因為你沒有時間等待！」他連氣都不喘，就開始語帶威脅、咄咄逼人。「我現在馬上就會到你住的公寓去，一定會讓你在那些文件上簽字的！」到了凌晨一點左右，我接到這位長島銀行業者的電話（還好他沒有真的要殺來我家）。他說立刻就會到紐約來「開導」我，選擇見面地點由我指定，但不能浪費時間。

即便他們不斷用言語脅迫，我還是直接說：「我不會在這種壓力下簽字，我不玩了！」電話那頭又是一陣咒罵，最後他們終於放棄，這次交易也因此中止。

終於成交！

感謝老天，我拒絕了這次交易，因為結果證明，這樣的虧損性合約（onerous contract）* 最後會導致我們破產。

那些文件裡充斥著惡毒的條款，就像一隻獵犬慵懶地躺在樹林裡，牠身上的壁蝨正吸著牠的血。它們宛如電腦的重新啟動鍵，意謂著若是我需要再次募資，我就

*譯註：係指一項合約，其履行義務不可避免的成本，超過了從該合約獲得的預期經濟效益時，就必須認列相應的負債準備。

完蛋了。這種條款對某些鋌而走險的公司來說，其實是很稀鬆平常的，但我們不是這種公司。

隔周，我仔細審視文件中的內容，並做了一些必要的修正。與此同時，股價不但沒有下跌，反而還衝得更高。最棒的是，沒有任何投資人反對我移除那些條款，因為公司前途一片光明、發展可期。此時，我們擁有絕對的影響力。

爆炸性成長訣竅 35

不要迫於壓力，做出任何決定，或簽署任何使你產生疑慮的文件。貿然下決定或達成協議可能會帶來大災難，但和機會擦身而過並不會。

爆炸性成長訣竅 36

談判的過程中，影響力決定一切。弄清楚你們何時具備影響力，何時則否。在開始進行關鍵談判之前，你是否會先將你們的影響力最大化？

爆炸性成長訣竅 37

當你不需要募資時，才是進行募資最好的時候。你們公司的財務是否夠穩健，足以讓你在面對惡劣或不夠好的投資條件書時，轉身離開？

推薦書單 理查・謝爾，《華頓商學院的高效談判學》。

那時，我們每天獲得五萬名新用戶，我們自認將成為全世界最大的交友網站。這場交易終於在一月十四日完成，以每股兩美元的價格，募得八百五十萬美元，再加上認股權證（warrant）*的部分，總共取得八千萬美元的資金。試想一下，在短短三個星期內，我們公司的市值就變成了原本的十倍，因此募資能力變得比幾周前更加優秀。

我們其實還可以募得更多資金，因為每隔幾分鐘，就有一批新的投資人想要參與投資。但選擇在募得八百五十萬美元後就停止募資，是因為不希望股本稀釋太多，而且手上的可用現金已經是之前的十倍。

*譯註：認股權證是衍生金融工具的一種，股票持有人可以在約定期限內（是權利，而非義務），按約定價格向發行人認購一家公司的股票。

投資人很像充滿嫉妒的前任情人，當其他人也對你感興趣時，他們就更想要得到你。

請保持專注

那段時間，公司周遭發生了很多有趣的事。除了吸引大批媒體報導，也有很多人詢問能否參與投資，彷彿我們是一家生技公司，發現了一種可以治療癌症的培根烹調法。在這樣的情況下，實在很難將注意力投注於工作上，但整體而言，我認為我們做得很好。

在這種歡騰的氣氛下，我們是如何繼續專心一致、埋頭苦幹？我想，這是因為公司同仁都服從我的帶領。大家都看到我怎麼回應新聞裡、華爾街街上，甚至是公司裡突如其來的瘋狂發展。員工們會聽到許多電視節目製作人跟我通話，希望我能飛到洛杉磯在訪談節目中露臉，還有高盛等一堆金融公司和重量級個人投資者都急切地想與我取得聯繫。

我的回應通常像是這樣：「哎呀，我今天有點忙，巴菲特先生——還是我可以叫你華倫？我下午有一個非常重要的產品會議，會占去很多時間。不過，下午三點到三點十五分之間，我可能有個小空檔。如果你有空的話，我們可以聊一聊，不然可能要幾周後才有辦法見面了。」

有些人看著我，大概是覺得我瘋了，還有些人只是笑著搖搖頭。他們有什麼反應並不重要，因為我清楚傳達了這樣的訊息：一切都沒有改變。

我們必須持續創新、比其他人更努力工作，最重要的是保持專注，不能因為高盛和瑪麗亞・巴蒂羅姆打電話來而有所改變。這是我想表達的，但即便我竭盡所能地使每個人保持專注，並且維持現狀，還是有某些事改變了。

一天之內就從笨變聰明

被眾多投資人拒絕的那個時候，他們都質疑，為什麼我們這麼快就透過自我申報註冊的方式上市。投資人完全忽視我們，認為 SNAP Interactive 毫無價值，我想那個時候，不乏有人暗地裡取笑我們是華爾街最愚蠢的公司。

然而，在我賺進七千八百萬美元的那個星期，這一切全都改變了。突然間，讓公司上市這件事，變成很高明的一著。我身邊的每一個人——朋友、親戚和點頭之交，全都開始用不同的方式對待我。就連我的約會生活也發生了改變，我也必須在這方面接受某些新的挑戰。

我的朋友和家人都賺進一大筆錢

我有一些朋友和家人是公司的原始股東，大家都因此賺了一大筆錢，其中有些人賺了原始投資金額的近五十倍。有人用這筆錢重新回學校讀書，並取得了高等教育學位，也有人拿這筆錢來買新房子。多年後，一位朋友告訴我，他當初投資的五千美元變成了十萬美元，他就用這些錢支付婚禮和蜜月旅行的花費。我回答：「你好歹也邀請我去參加你的婚禮吧。」

比方說，我當時已經追求一位女性很長一段時間。有天晚上，她終於答應和我一起共進晚餐，吃到一半時她說：「我可以問你一件事嗎？」

「沒問題，你想問什麼就問吧。」

她說：「我的朋友在華爾街工作，他說你有一億美元的身價，這是真的嗎？」

這個問題令我有點措手不及，而且還有些失望，我答道：「我想，我在帳面上應該有將近一億美元的身價，所以這是真的。」

吃完晚餐後，她邀請我到她的住處，我委婉拒絕了，因為那個膚淺的問題讓我倒盡胃口。我赫然發現，所有人對我和公司的看法都改變了，所以現在必須調整工作方式、個人生活，以及對一些事情的期望，才能應付這些改變。

我還注意到一件事，那就是突然間每個人都開始覺得：「克里夫的構想一定都很棒。」不誇張，我要是哪天衝出辦公室，用擴音器大聲宣布：「從現在開始，所有人來上班時都要像超人一樣內褲外穿！」他們也會極其正面地回應這項「新穎的暴政」——「這真是個好主意，老闆！我馬上照辦！」

幸好專斷獨行向來不是我的個性和行事風格，因此我不曾真的用這種方式試探員工們的反應。但對我的權威不抵抗，也不表示反對或質疑，這會是一個很大的問題。

不再有人想要勇敢挑戰我的想法。很多時候我就算亂講一通，他們也是認真點頭，然後遵照指示做事，完全不去質疑這樣是否合理。當一個人取得某種程度的成功時，就會發生這種事。即便某個構想完全超出他們的專業領域，或極其荒謬，旁人還是會一窩蜂地覺得他們好棒好厲害。

這個狀況令我十分困惑和沮喪，如果我有個很糟糕的構想，但大家都不敢說實話，這樣是不可能獲得任何有效的回饋。

不要讓血本無歸

幸運的是，我從未任意妄為或者使公司陷入混亂，因為清楚意識到，一旦沒有人給予建設性回饋、質疑我的所作所為，會造成什麼問題。然而，這不代表我不會和其他年輕、成功的創業家犯同樣的錯誤。

其中一個錯誤，就是我沒有拿回任何錢。想獲得巨大的成功，就得承擔必要的風險，但人還是要聰明一點。對於其他身處類似狀況的年輕創業家，我的建議是，明智地做決定，以此降低風險。

那時我才三十二歲，在帳面上，我約有一億美元左右的身價，卻沒有將它們兌現，因為我始終對我們在做的事非常有信心，老實說，我甚至認為SNAP Interactive有一天會價值十億元美金。所以啦，為什麼要這麼早把股票換成現金？

募得八百五十萬美元時，銀行業者告訴我，如果想把股票換成現金的話，這筆交易將永遠無法完成，因為這會給人我們公司對未來發展沒信心的印象。我其實可以把手上的一些股票賣給新的投資人，如此就有數百萬美元入帳，但我聽信了銀行的說法，所以沒有動作，後來才知道事情並非如此。

現在回想，比較聰明的做法應該是向銀行堅持我的要求。不過我單身、沒有小孩，也沒有要奉養親人的壓力，所以那時也自認不需要一大筆錢過日子。此外，我也心想：「反正我們公司之後會更有價值，也不急著現在賣掉股票。」

然而，我可以說是好傻好天真，才會有這種想法，我根本不需要把所有的身家都壓在上面。

SNAP Interactive 的股價接著來到歷史新高——四點五美元，我們公司的市值攀升至一億六千萬美元，其中我個人的股份就價值一億一千萬美元左右！遺憾的是，我也不曾把任何一毛錢放進口袋……真是悔不當初。

爆炸性成長訣竅 39

當你能夠拿走一些錢（尤其這筆錢將會改變你的人生）時，請這麼做。

推薦書單

喬治・山繆・克雷森，《只用10%的薪水，讓全世界的財富都聽你的》。

我事後了解到，人們的行為或多或少都會受到各種誘因的影響。當初若是我拿走兩百至四百萬美元，這項交易會變得比較困難嗎？肯定會，但我有信心它一定會成功，因為主導權在我們手上，幾乎每一位會談過的投資人，最後都參與了投資。除此之外，我們公司的股票持續獲得動能，在交易完成後，還繼續上漲了好幾個月（這種情況極為少見）。然而，對銀行業者來說，逼我相信不能把錢拿走，是比較容易的一件事。

8 金玉其外，敗絮其中

「無論策略有多完美，
你偶爾還是應該要看一下結果。」
——前英國首相，溫斯頓．邱吉爾爵士

二〇一一年十二月二十七日，我們受邀為納斯達克股市敲開盤鐘，距離彭博新聞社那篇報導讓我們的股價暴漲，幾乎過了整整一年。這一年內，SNAP Interactive 經歷了許多事：

✸全球四大會計師事務所之一的「勤業眾信」（Deloitte），在其「二〇一二年高科技高成長五百強」評選中，SNAP Interactive 因為在五年內營收成長了百分之四千四百一十二，名列第三十六位。

✸我們在紐約所有高速成長的科技公司中名列第五。

✸我獲得另一家四大會計師事務所——安永（Ernst & Young）的「年度創業家大獎」提名。

✸我們吸引了大批媒體報導，其中包含 CNBC 財經台、彭博新聞，以及其他主流媒體的版面。

✸華爾街股票分析師的報告中推薦 SNAP Interactive 的股票。

✸創業家名人堂的成員，像是馬克·庫班、提姆·費里斯和蓋瑞·范納洽，都曾與我聯繫，尋求合作的機會。

✸我們是公認在 Facebook 上造成瘋傳現象的專家（Facebook 甚至將我們列入案例分析）。

✸我們從機構投資人募得了八百五十萬美元的資金，使我們公司的市值攀升至近一億美元。

✸二〇〇七至二〇一一年，我們的股價成長超過百分之一千。

所有我們當初設立的目標，都成了現在進行式，這當中包含獲得認可，以及取得爆炸性成長。因為被這些成功環繞著，更是激起我們的雄心壯志，想獲得更驚人的成長。

大肆揮霍

大多數公司在募得大筆資金之後，做的第一件事就是開始花錢，而二〇一一年的我們也是如此。我們需要投入資金，以便繼續成長，不然何必大費周章地籌錢？此外，我們也必須證明 SNAP Interactive 撐得起高股價，因此如果不做些什麼的話，股價不會一直維持在這個水位。有個方法可以做到這一點，那就是確保營收持續成長。因此，我們做了大多數有相同處境的公司都會做的事——在獲取用戶上花大錢。幸好出眾的即時分析已經是我們商業模式的一部分，所以並沒有出現漫無目的亂花錢的情況。

其次是找一些「成熟的大人」加入公司。SNAP Interactive 是由一群二十幾歲的小伙子所組成，負責帶領他們的創辦人（也就是我），年紀也不過是稍長一點的三十二歲。投資人和分析師不斷地要求，要像其他上市公司一樣，建立一個更「富有經驗」的管理團隊。所以，為了獲得華爾街的尊重與認可，我們非常積極招募管理人員。

我們聽取了那些華爾街「專家」的意見，將原本那群年輕的「必要成員」，擴展成一個人才庫，裡面集結了許多年薪二十萬美元以上的「老鳥」。這些「富有經驗」的老鳥，履歷看起來都很漂亮，不僅能使外人留下深刻印象，也讓大家覺得 SNAP Interactive 是一個成熟的組織。但不幸的是，這也造成了公司內部的文化衝突。對於在辦公室裡捲起袖子幹活、開發產品的年輕員工而言，這些新進員工跟高檔商店裡的櫥窗擺飾沒什麼兩樣。諷刺的是，在我們身處的這個新興產業之中，真正有用、「經驗豐富」的人，通常都是二十幾歲的小伙子。

短短一年內，員工就從十二人一下子增加到近五十人。當時，作為一位欠缺經驗的執行長，我只知道這會帶來新的挑戰，但嚴重低估了它所造成的影響。

我們面臨一個巨大的問題，就是產品開發周期。我們原本是極為精實且靈活的組織，行程一般來說，會是一早就有了構想，接著進行開發，隔天就將成果提供給用戶。經常一天更新二十到三十行程式碼。然而，在僱用了這些高薪的資深主管後，這樣的做法就行不太通了，因為他們習慣一個月（甚或一季）才進行一次重大的功能更新，並希望在推出前，先執行完整的測試、評量，並且將每項功能都調整到完美。

事實上，這些規矩不僅大幅削弱我們本來的優勢——快速、反覆學習的能力，也嚴重降低創新的速度。

有句俗話說：「完美是優秀的敵人。」這是SNAP Interactive秉持的原則，過去的實戰經驗顯示，執著於建立十全十美的功能對我們沒有好處，快速推出新功能才是真正有利的做法。因為使用者會預期能夠一直有新鮮有趣的功能可以嘗試，才會願意重複使用我們的網站。

我們發布愈多功能與最佳化，就有愈多項目能夠測試。如此一來，就愈了解用戶，並且迅速擴展我們的商業智慧（business intelligence）*，就有能力開發更出色

*譯註：由分析師德瑞斯納（Howard Dresner）提出的概念，指的是運用資料探勘、數據分析等技術，解讀過往的營業成本、銷貨收入等數據，提供管理階層進行決策時的參考。

的產品。我們的信念是：「快點學習，如果必要的話，也快點失敗。」但這不是這些新進員工熟悉的做法。

「想成功，唯一的方法就是學得比其他人更快。」

——《精實創業》作者，艾瑞克·萊斯

日漸衰敗的組織健康

幾乎是在一夕之間，我們的資金消耗率（也就是支出與收入的比例）急速飆升，因為公司必須支付高額薪資，確保這些專業經理人才不會跳槽（儘管他們和我們有些格格不入）。為了滿足華爾街與其龐大的成長預期，我們變得對提升營收格外著重，以致失去了目標。我們依然瘋狂成長，但獲利能力和公司文化卻大受影響，整體的組織健康正日漸衰敗。

當我試圖處理公司內部的文化衝突時，我才學到，即便一位員工的履歷看起來很漂亮，若是他和公司價值不符，就應該盡快請他離開。可惜為時已晚。有時候，這個人就是無法充分融入公司文化，儘管他具備豐富的學術知識、不同凡響的經歷，或其他寶貴的特質也一樣。

如果你遇到類似的狀況，我建議自問：「若預先知道現在發生的狀況，我還會再僱用這個人嗎？」每當我遇到這種狀況時，答案幾乎都是「不」。在錯誤的人員身上繼續投入時間和金錢，只會帶來反效果。把這個人放在不對的位置愈久，對雙方都愈不利。所以，趕緊扣下扳機、請他離開，然後重新上路。雖然炒人魷魚不太愉快，但有時把話講開，並讓事情盡快落幕，對彼此都好。

爆炸性成長訣竅 40

不要僱用一個你下班後，不想跟他去一起喝酒的人。你會想和大多數同事一起暢快地喝一杯嗎？

爆炸性成長訣竅 41

評量現有員工時，應該要先問這個問題：「如果可以重新考慮，我還會錄用他嗎？」如果你的答案是「不會」，就讓他離開。你是否正在進行這個「再次僱用」的測試，並且請那些沒有通過測試的員工離開？

我們的股價依舊走勢強勁，直到那一年的二月為止。那時，由於重心搖擺不定、公司文化持續衰落，我們開始受到影響，並再度顯得愚蠢。

作為一家上市公司帶來的所有問題再次浮現。只要股價一下滑，那些未獲得滿足的巨大期待就會開始發酵，然後變成一個問題。

二月的某一周，我們的股價大幅下跌，沒有人知道為什麼。也許原因只有一個：若一支股票已經連續上漲二十天，到了某一個時間點，它自然會開始下跌。與此同時，似乎每兩天就有新的 Facebook 交友 App 出現，它們全都具備一、兩項新功能，以此進攻市場，並募得資金。

此時，各界對我決策能力的質疑和批評指教大量湧入，我的電話和電子信箱完全被塞爆：

- 你看到這些新的 App 了嗎？
- 他們會做得比你更好嗎？
- 幹嘛不模仿他們正在進行的策略？
- 你們的股價正在直線下墜！

✸很明顯你現在根本不知道自己在做什麼。

年度盛宴：「矽巷專屬」

另外，由於一直沒有在矽谷獲得應有的認可，我們感到十分挫敗。同時也必須與紐約市的科技聚落「矽巷」（Silicon Alley）建立更緊密的關係，因此我和好友兼創業家同行，克里斯．米拉比萊（Chris Mirabile）一起想出一套計畫，透過盛大的活動一次解決兩個問題。

我們的構想是，網羅紐約市最令人感興趣、前程似錦的創業家，把他們的相關資料放進一份月曆裡（再附上一張宴會邀請函），由專人送至所有矽谷大咖，包含馬克．祖克柏的手中。我們將這份月曆稱作「矽巷專屬」，藉此宣告「矽巷」將登台亮相。

彭博新聞社創辦人麥可．彭博，當時擔任紐約市長，我們在市長辦公室和他的數位長協助下，規劃了一場盛大的活動，並且設計出一份精美的月曆。著名的科技新聞網站 Mashable 的總編輯，亞當．奧斯特羅曾經表示：「這是很重要的一年，紐約科技界發展得更深、更廣，這份月曆記錄了這一年的重大成果。」我們送出約一百份左右的開幕派對邀請函，但消息很快就傳開了。結果，當天有超過五百個人到場，只好限制進場人數。

我和克里斯鎖定那些把公司設立在紐約市，充滿智慧與熱情的創辦人。五年後再看看這些公司有多麼成功，是一件十分有趣的事。其中有幾家公司的市值攀升至達數億元美金，而其潛力遠遠不只如此，完整版月曆我放在這裡：http://www.explosive-growth.com/only-in-the-alley-calendar，有興趣的人可以下載。

這次參與的公司包含：

- **化妝品電商公司 Birchbox**（募資超過八千六百萬美元）——由海莉．巴納和卡蒂亞．畢徹姆創立。
- **健身課程平台 ClassPass**（原名 Classtivity，募資超過一億五千萬美元）——由帕亞爾．卡達基爾和桑傑夫．桑哈維創立。
- **ConsumerBell**——由艾莉．卡謝特創立。
- **大學生社交平台 Hotlist**——由克里斯．米拉比萊和吉安尼．馬泰爾創立。
- **個人線上理財服務 LearnVest**（被西北互惠人壽〔Northwestern Mutual Life〕收購）——由亞歷克莎．馮．托貝爾創立。

- **影音串流平台 Livestream**（募資超過一千四百萬美元）——由馬克斯・霍特、菲爾・沃辛頓、馬克・柯恩菲爾特和達亞南達・南俊達帕創立。
- **活動票券團購平台 Plum Benefits**（被 Entertainment Benefits Group 收購）——由夏拉・蒙德爾森創立。
- **SNAP Interactive**（和 Paltalk 合併）——由克里夫・勒納和達雷爾・勒納創立。
- **生活資訊網站 Thrillist**（募資超過五千萬美元）——由班・勒納和亞當・里奇創立。
- **行動通訊服務 Xtify**（賣給了ＩＢＭ）——由安德魯・韋瑞契和喬許・羅克林創立。
- **團購導航網站 Yipit**（募資超過七百萬元美金）——由吉姆・莫蘭和文尼・瓦康提創立。
- **線上醫療服務預約平台 Zocdoc**（募資超過兩億兩千萬美元）——由賽勒斯・馬蘇米、尼克・甘朱和奧利弗・卡拉茲博士創立。

只有三項指標是真正重要的

我們的組織健康日漸衰敗，為了找出解決方案、持續成長，我們自問：「為什麼成長速度變慢了？」由於太過執著於提升營收，為此不計一切代價，導致其他關鍵指標大受影響，最後連營收成長也跟著趨緩。那時，我們是非常數據導向的，所以蒐集並分析相關數據，似乎是解決一切問題最好的方法。

我們計算並試著最佳化數千項指標，無意中變得不再關注自己原本成功的原因——擁有一項特色獨具、不同凡響的產品，用戶們喜歡與之互動，並且談論它。想知道怎麼重新打造成長引擎，我們就必須回到原點，然後弄清楚自己現在的位置。我們得回答三個關鍵問題：

- 我們的產品仍舊不同凡響嗎？
- 人們是否很喜歡我們的產品，並且跟其他人談論它？
- 用戶是否一直重複使用我們的產品？

無論規模大小，公司都很容易在迷失在各種數據裡，不再關注這三個問題。這三點十分重要，因為它們提供有用的資訊，能夠預示未來的成功。即便在只有少量用戶的情況下，你也可以獲得寶貴的資訊，不管你們的產品周期處於哪一個階段，都非常適用。

然而，若是你們的產品不獨特，人們不喜歡它，也不繼續使用，到了某一個時間點，營收就會開始下滑，而且你可能還很難理解背後的原因。另一方面，如果這三個問題的答案都是正向的，其他指標也將自動歸隊，成功也只是彈指間的事。幸好衡量這三點，並獲得我們需要的答案，是很容易的。

上述這三個問題，對應到三項真正重要的指標：

- 是否存在獨特賣點？
- 獲得多少淨推薦分數（Net Promoter Score）*？
- 用戶留存率是多少？

*譯註：又稱「淨推薦值」，是藉由調查用戶主動推薦品牌或產品的意願，計算顧客忠誠度的一種方式。

顯然，為了管理並讓公司成長茁壯，你還需要計算許多指標，例如成長率、用戶參與度和獲利指標等。但大多數指標的問題在於，它們無法告訴你，為什麼產品的表現不如預期。只有獨特賣點、淨推薦分數和用戶留存率是真正重要的，它們能指出產品的表現為何差強人意，使你理解問題所在，並進行修正。

舉例來說，假設你只看到低落的成長率或獲利指標，就決定解僱表現不佳的員工，並且開始思考新的成長方式、提出不同的行銷構想。然而，這很有可能徒勞無功，因為一切問題的根源出在你們的產品很糟糕，基本上沒有任何成長訣竅、優秀人才，或是行銷策略可以克服這樣的狀況。

反之，若是你看到產品的淨推薦分數不佳（代表沒有人想跟朋友推薦你的產品），問題出在哪裡就很明顯了！在這不幸的情況下，你有很多改善措施要做，但至少明確知道問題所在，絕對好過瞎摸做白工。

指標1：獨特賣點

我們的產品是否不同凡響？當AYI剛出現在Facebook上時，它有幾項值得一提的功能，像是用戶能夠得知哪一位朋友喜歡他，可以迅速註冊並建立個人檔案等。現在我們必須確定，自家產品是否依然不同凡響，足以在競爭對手中脫穎而出，接著重新藉由口碑宣傳獲得成長。為了評量這一點，我們決定進行一個簡單的調查。

這個調查裡包含了一項關鍵的顧客滿意度指標——「淨推薦分數」，關於這個部分，我會在下一個小節詳細說明。此外，調查中也加入了其他重要問題，這些問題和用戶體驗的整體品質與獨特性有關，例如：

- 你會使用ＡＹＩ的哪一項功能？
- ＡＹＩ最令你感到沮喪的地方是什麼？
- ＡＹＩ有什麼特殊的地方，讓你願意跟朋友分享？
- 你有對ＡＹＩ有任何建議嗎？
- 如果只能用一句話描述ＡＹＩ，那會是什麼？

最後一個問題極為重要，因為它會告訴我們，多數用戶是否對我們的產品感到驚奇。任何產品或服務的成功，都非常仰賴用戶感受到其想要傳遞的特殊訊息，並且願意跟朋友分享，否則口碑是無法廣為流傳的。比方說，Amazon 早期獨有的服務，就是提供比其他書店更便宜的書籍，這一點就在消費者之間取得巨大的成功。

我們不僅必須了解產品是否具有獨特性，並提供絕佳的用戶體驗，也要知道品牌策略是否發揮功效。

雖然沒有明確規定怎樣的「獨特賣點」才算好，但我認為，若有至少百分之五十的用戶都指出同一個不同凡響的項目，並且都用一句話來形容它，那就是出色的獨特賣點。

爆炸性成長訣竅 42

你能否用簡單的一句話來描述你們產品的獨特賣點？它真的不同凡響嗎？

爆炸性成長訣竅 43

你是否曾經要求過用戶，用一句話來形容你們的產品？是否有至少一半的回覆都提到相同的概念？

推薦書單

奇普．希思，《創意黏力學》。

然而這個問題的答案，真是讓我們大開眼界，得到的回應五花八門，意謂著我們的產品沒有任何令人驚奇之處，沒有一個能讓用戶愛上、真正獨特的賣點。這樣的結果只有兩種可能：使用者要麼覺得我們的產品各個方面都棒透了，要麼就是沒有什麼值得一提的特點。

以敝公司的狀況來看，顯然是後者，這也說明了為什麼我們公司的成長——特別是內生成長——停滯不前。

AYI不再與眾不同。我們應該從頭來過，因為如果沒有找回自然成長的能力，我看不到長遠成功的可能性。依靠 Facebook 取得用戶的成本正日漸增加，因為已有其他公司募得數億元的資金（其中不乏比我們更具規模的公司），而他們也正在開發自己的 Facebook App。

結果，我們花了整整一年的時間，將AYI改造並重新推出，並努力主打我們是「社群發現平台」，大家可以在這裡透過共同的朋友和興趣來認識新朋友。

利用共同興趣重塑品牌形象

我們深信縱觀網路交友產業，沒有比 SNAP Intersctive 蒐集更多用戶興趣資料的公司了。因為網站用戶的個人檔案和 Facebook 是連動的，我們從這些個人檔案掌握了七十八種以上的興趣。我們的構想是藉助這些數據，依照共同興趣來創造出絕佳的配對體驗，舉例來說，某一名用戶說他喜歡九〇年代的情境喜劇，就會將他和另一個喜歡看《歡樂單身派對》或《六人行》的用戶配對。

可惜的問題是，這需要先將數萬筆興趣進行分類才行得通，因為所有Facebook上的興趣並沒有系統性地組織起來。比方說，「喜歡看《歡樂單身派對》」的興趣，並未和「喜歡九〇年代情境喜劇」連結在一起。

我們之所以想建立這樣一套配對機制，在於單身人士普遍認為「共同的興趣」是成功維繫一段關係最重要的因素。我們也確信這個構想很有潛力，往後還可以把這套機制和其他網站結合在一起，例如和票券交易網站StubHub合作，針對配對成功的使用者提供約會的折扣。舉例來說，若是某兩名使用者都喜歡八〇年代的音樂，我們可以用九折的價格，提供知名歌手比利．喬（Billy Joel）演唱會的雙人套票。

朋友的朋友的朋友

由於Facebook讓邀請「朋友的朋友」變得很容易，所以競爭對手在那個時候，多半也已經將共同朋友的概念整合進系統裡。這是一項極受歡迎的功能，我們認為應該將它進一步擴展，涵蓋到「朋友的朋友的朋友」，可惜 Facebook 沒有提供這樣的資訊，所以我們必須自己開發這項功能。

因為這涉及「大數據」的運用，是我們還不熟悉的領域，我原本預期會需要大半個團隊花費數個月的時間進行。然而，有一位懷抱著雄心壯志的菜鳥工程師——大衛・福克斯（David Fox）自告奮勇表示，願意率先接下這項任務。看到他對自身技術的熱情，加上我過往學到的經驗，我決定把這個機會交給他，信任他能開發出令人驚豔的成果。

我對他的信任也確實有了回報。短短數周內，他幾乎是靠自己一個人打造了一套社交連結系統，這套系統產生數十億筆配對。出色的工程師——最優秀的人才再次帶來不同凡響的成果。

「那些表現出眾的人和表現得還不錯的人相比，他們不只是好一點而已，而是好上一百倍。」

——Facebook 共同創辦人、網路創業家，馬克・祖克柏

對我們公司而言，App 重新上架是一項浩大的工程。我們是第一家導入「朋友

的朋友」這種概念的網路交友公司，用Facebook的說法，就是透過用戶的社交圖譜來認識其他單身人士。知道彼此有共同的朋友（即便這是一種間接關係），對單身的人來說是很重要的，尤其是對女性而言。

藉由這次重新上架，我們創造出一個強而有力的方法，將使用者連結起來，而且市場上沒有其他人在做這件事。這似乎是一項很棒的功能，因此在重新上架數個月後，我們再度進行同樣的調查，並且問了同一個問題：「如果只能用一句話描述AYI，那會是什麼？」沒想到，統計數字沒有什麼變化，表示大家對我們的產品還是沒有深刻的印象。

你沒有第二次機會讓對方留下第一印象

從這項調查中，我們學到極為慘痛，但也很寶貴的教訓——要改變既有用戶對產品的印象是非常困難的。我們推出了一堆肯定會使用戶體驗變得更好的功能，卻沒有人發現，更令人沮喪的是，其他的新交友網站卻因為相同的功能而大受歡迎，快速成長。

一個名為Hinge的App運用了相同的概念，讓大家透過共同朋友互相認識，因此打響了知名度。他們一開始就內建這項功能，所以這也成為該品牌的核心價值。

相較之下，大家並沒有把這項功能和我們的品牌連結在一起，因為他們對我們的既定印象，就是「最早的 Facebook 交友 App」，所以無論ＡＹＩ這段期間有多少進步，想法也不會改變。

此外，率先變成付費制 App 也對我們造成傷害。當時其他公司的新產品都是免費的，Facebook 用戶也沒有付費使用 App 的習慣，因此儘管我們新增了很棒的功能，卻無法改變品牌定位、解決不了問題，更無法改善獲利。

針對那項調查裡的重要問題：「如果只能用一句話描述ＡＹＩ，那會是什麼？」我們收到令人震驚而且難過的答案，大多數用戶都說我們是「收費的 Facebook 交友 App」。

很明顯，我們最大的問題在於，不管喜歡不喜歡（當然不喜歡），我們的服務要「付費」這件事已經成了品牌識別。

指標２：淨推薦分數

淨推薦分數是用來計算顧客滿意度的，雖然尚未充分受到利用，卻是十分有效的一項指標。我們在調查中詢問用戶，有多願意向朋友或同事推薦我們的產品（一到十分）。他們的回覆依照得分，評量如下：

- 獲得九或十分，表示這名用戶非常熱愛你們的產品，會主動推薦給其他人。
- 獲得七或八分，代表這名用戶會被動推薦你們的產品。

為什麼要對自己這麼嚴格？

從表面上看來，規定用戶的評分必須達到7分以上，才算是推薦者，有點不太合理。但這項調查的目的在於，看出用戶「主動推薦」我們產品的可能性。若是有人給我們6分的評價，可能覺得這項產品還算不錯（比一般產品好一點），但他們不會主動向朋友推薦。若是有人給了0～3分的評價也無所謂，因為反正他們就是不喜歡，這種人是批評者，我們很難改變他們的心意。

另一方面，如果有人給了9分的評價，代表對我們的產品有高度評價，很可能會向朋友和家人推薦這項產品。他們會想在聊天時特別提到，因為它是如此獨特、有趣——你就能從中找出真正的賣點。

要計算淨推薦分數，只要將「推薦者的比例」和「批評者的比例」相減即可。淨推薦分數的範圍介於-100（所有人都是批評者）到+100（所有人都是推薦者）之間。一般都期望產品的淨推薦分數大於零（這表示推薦者多於批評者），而當淨推薦分數高於五十時，就會被視作一項極為正面的指標。不幸的是，我們發現產品的淨推薦分數不太好，這就說明了為什麼公司的內生成長日漸趨緩。

差強人意的淨推薦分數，以及對調查中其他問題的負面回應，宛如一記當頭棒喝，同時也使我們明白，為什麼某些指標表現得如此悽慘。

就像我先前說過的，某些表面的指標通常無法揭示品牌問題的全貌，例如產品很無聊或很普通。短期內，你或許藉由產品最佳化來贏得某場戰役，最後卻輸了整場戰爭，因為你們的產品依舊不夠獨特，不足以讓使用者願意推薦給別人。這一次的數據顯示，為了具備真正的獨特賣點並獲得更高的淨推薦分數，我們還需要更多創新。必須再次使 SNAP Interactive 的產品不同凡響，這樣用戶們就會想要幫忙宣傳。光是靠共同朋友，或「朋友的朋友的朋友」這樣的構想是不夠的，我們必須再度回到初心。

在草創時期，公司通常都執著於成長率，代價就是犧牲用戶留存率。但一切其實正好相反，因為任何處於發展初期的產品，都應該把用戶留存率視為北極星指標（North Star Metric）*。如果有人開發出一項很棒的產品，讓用戶不斷重複使用，

＊譯註：北極星指標是企業經營唯一重要的指標，如同北極星一般，指引著全公司朝同一個方向邁進。

應該很容易找出培育這項產品的方法（募資、花錢取得用戶，以及請用戶分享給周遭的人等等）。然而，若是一項產品的淨推薦分數很低，你們還繼續把注意力放在如何培育它上面的話，就像是在對用戶說：「你好，我們的產品很糟，趕快來買吧！」

爆炸性成長訣竅 44

問問用戶，他們是否已經向朋友推薦你們的產品。你知道這麼做的用戶比例有多少嗎？如果他們說沒有，試著找出原因。或許這只是因為你沒有讓分享變成一件容易的事而已，只要做一點簡單的修正就好。

爆炸性成長訣竅 45

你是否主動計算你們產品的淨推薦分數？它有高於五十嗎？沒有的話，建議不要再浪費時間和金錢，去行銷、培育一項淨推薦分數很低的產品。

爆炸性成長訣竅 46

行銷一項NPS很低的產品，基本上就是對潛在顧客說：「嘿，我們的產品爛透了，來看看吧。」

指標3：用戶留存率

最後，對所有網路事業而言，用戶留存率都是最重要的一項指標——如果人們一再使用你們的產品，其他問題就沒有那麼重要了。讓AYI擁有大量的初期用戶確實很重要，但我們隨時都可以花錢請人試用。然而，這樣並無法讓他們日復一日、年復一年地回頭使用。

我們最重要的領悟是，必須了解是什麼因素讓使用者願意重複使用一項產品。用戶留存率很高就是大家很喜歡你們產品的有力證明，我相信這對大多數公司都適用。

人們會一再使用某個線上交友網站，其動力源自於絕佳的用戶體驗——收到他們在意的人傳來訊息，最後進展成一場約會，那是很神奇的一刻。在交友網站上，如果用戶收到某個心儀的人回覆訊息，就會願意留下來，重複使用這個網站。當然，若是這則回覆最後發展成一段穩定的關係，最後彼此互許終身，那這個交友App就做得太好了——不過，這又是另一個完全不同的問題。

Facebook 用戶留存率的神奇數字

Facebook 在發展初期便發現，每一名用戶能在最初十天內擁有多少好友，將大幅影響他們是否留下。若用戶無法找到七位好友，對他們來說，Facebook 就顯得無趣，因為他們的動態消息不常更新，不足以讓他們想要經常使用。然而，如果在註冊十天內，用戶在 Facebook 上擁有七位以上的好友，他們的動態消息就會相對活躍，因此用戶留存率就會變得極高。也許現在這個數字已經有很大的變化，但在那個年代，「七」就是 Facebook 的神奇數字。據 Facebook 早期的員工表示，這是用戶是否繼續使用 Facebook 的重要分水嶺。

另一項曾經令 Facebook 十分在意的關鍵指標，就是要讓百分之九十的用戶每周登入 Facebook 六天。很顯然，當任何產品有這樣的用戶留存率時，都將大獲成功。

我們學到不僅計算用戶留存率很重要，明白什麼因素促使用戶重複使用一項產品也非常關鍵——這是你們產品的「頓悟時刻」。想找出這樣的「頓悟時刻」，可以將高留存率用戶特別挑出來，藉由數據分析，了解他們和其他用戶有何不同。他們在 Facebook 上有更多好友嗎？他們是否在 AYI 收到更多回覆？光是搞清楚這件事，就能對公司產生改變，因為它會指出哪個部分必須進行最佳化。

我們從數據中可以明顯看到，高留存率用戶收到許多回覆，只收到少數回覆的用戶就不會留下。有了這樣的理解，就能針對那些收到較少回覆的用戶，強化他們的體驗，方法包含改善演算法，讓更多潛在配對人選浮現出來，以及建立一些新功能，例如「優先配對」。用戶可以付費使用這項功能、增加曝光率，以便收到更多回覆，最後變成高留存率用戶。

爆炸性成長訣竅 47

你知道什麼行為或體驗，促使單身用戶一直重複使用你們的交友產品嗎？不知道的話，現在就想辦法弄清楚，因為想讓你們的公司成長茁壯，這樣的認知是最重要的。

當 Facebook 一發現促使用戶留下來的「幸運數字七」之後，就費盡心思，設法增加每一名用戶的好友數量。他們透過數據，提供令人意想不到的好友建議名單。在登入後，用戶就會在好友建議名單上看到小學四年級時的同學，或是幾年前堂弟在某個酒吧認識的朋友，或是其他被忽視的人選。使用者對於與失聯已久的朋友重新聯繫，或者和生活圈以外的人產生連結，都會感到異常興奮，馬上就愛上這種感覺。

對所有的網路事業而言，理想的用戶留存率應該以用戶使用產品的頻率，或是在某段時間內，有多少比例的用戶持續使用作為依據，也可以將兩者結合。一般來說，取得一天、三十天、九十天、一年的數據，應該就足以計算用戶留存率，但了解為什麼用戶一再重複使用你們的產品，還是很重要的一件事。

爆炸性成長訣竅 48

空有成長率，用戶留存率卻很低，是毫無價值的。反之，成長率很低，用戶留存率卻很高，應該是所有創業家都樂於見到的，因為這代表自家產品很受喜愛。你知道你們一天和三十天的用戶留存率分別是多少嗎？

爆炸性成長訣竅 49

在一天和三十天的用戶留存率遠高於產業平均前，不要花大錢在行銷上。

9 透過願景、價值觀和數據，解決問題並持續成長

「傑出的公司領導人描繪、訴說願景，
他們對這個願景懷抱著熱情，
並且為了將它實現而努力不懈。」

——作家、前奇異（GE）執行長，
傑克・威爾許（Jack Welch）

我們的組織健康日漸衰敗，找出解決方法成了我的首要任務。藉由自身經驗和對其他組織的觀察，我清楚了解到，一個健全的組織能夠克服任何問題，並且蓬勃發展。最重要的是，這樣的組織擁有快樂、熱情、積極進取的員工，他們都抱持著同樣簡單明確的目標，這很可能會帶領公司走向成功。有了這樣的認知，我著手進行組織健康的修復，修復方法分成兩個部分：

- 我請專家協助我和我的員工，了解如何適時調整，使組織順暢運作。
- 我密集閱讀（到了近乎強迫症的地步）各種管理、領導，以及如何適時調整龐大組織的相關書籍，以此自我教育，從其他人的成功和失敗中學習。

請專家協助

人們常說，經驗就是最好的老師，但我沒有時間完全靠工作來學習，所以聘請了一個顧問小組，讓他們把自己的經驗帶進來。這個小組裡的顧問們都是有真材實料的工作經驗，他們的任務是一星期指導我和工作團隊數次，並且提供建議。

不過，我所聘請的專家並非全都是顧問。喬許是我們聘請過最棒的專家之一，他負責管理我們的產品與分析團隊。他立刻開始動工，並實行了一套極為有效的流程改善策略，這套策略叫做ＣＩＯ，是「慶祝、重複執行或移除」（Celebrate, Iterate, or Obliterate）的縮寫。

慶祝、重複執行、移除（簡稱CIO）

對我們而言，ＣＩＯ是一套重大的流程改善策略，因為那段時間進行了無數測試，開始飽受數據超載之苦。在分析結果時，要弄清楚所有的新構想和新開發的功能，變得十分困難。更糟的是，我們還面臨「程式碼膨脹」*的問題，工程師很難把所有既有的測試整併在一起。如此低落的效率不僅讓我們的各項指標大受影響，諷刺的是，快速開發新功能的能力也變得愈來愈差。

後來每當我們發布一項新功能時，就遵照ＣＩＯ這套流程進行。在新功能推出兩周內，我們會進行測試並分析數據，然後採取以下三種行動中的一種：

✸慶祝：這是一項巨大的成功，它超越了我們的成功指標！

*譯註：指透過程式碼生成的輸出檔案過大、速度緩慢，或是有其他資源浪費的情況發生。

- 重複執行：我們認為它有潛力，但尚未符合我們的期待。
- 移除：這根本就是一場災難，不值得我們花時間重複執行。

簡單的流程使我們移除了許多功能，這些功能不是不足以改善用戶體驗，就是沒有發揮原本預想的作用。這套流程本身就是一項巨大的成功，因為不停在網站上加入新功能，不但會減緩每項後續功能的開發速度，也會破壞用戶體驗。我們發現，有時候用戶並不知道怎麼使用這些酷炫的新功能。

令人非常驚訝的是，每移除一項功能，產品經理和工程師們竟然比慶祝成功時更興奮，因為這表示他們要管理的程式碼變少了，也更容易開發新功能。同時，我們也找到自己對此感到興奮的理由——透過移除用戶鮮少使用的功能來清理網站，讓我們 App 的使用率逐漸提升。

爆炸性成長訣竅 50

你們的產品是否有任何用戶很少使用的功能？如果有，你是否打算在接下來的三十天內移除它們？

爆炸性成長訣竅 51

你們公司有一套主動評價產品新功能的流程嗎？如果沒有，盡快導入CIO吧！

讀！再讀！全部都讀完

為了修復組織健康，我做的第二件事是拚命閱讀找到的每一本書，這些書不僅探討影響公司好壞的關鍵因素，也談論怎麼適時調整日漸成長的組織。我的計畫很瘋狂——每天晚上都讀完一本關於領導的書，隔天早上到公司之後，就立刻把書裡學到的事全部運用在工作上。不可思議的是，它們都對SNAP Interactive極有幫助。

在這些書當中，我最喜歡的是吉姆．柯林斯的《從A到A+》和《基業長青》；凡爾納．哈尼希（Verne Harnish）的《掌握洛克斐勒的習慣》（*Mastering the Rockefeller Habits*，暫譯）。

另外，還有派屈克．藍奇歐尼（Patrick Lencioni）的幾本書——《對手偷不走的優勢》、《別再開會開到死》和《克服團隊領導的五大障礙》。

描繪願景並創造使命

這當中有一本書，說明如何創造出令人信服的企業使命和願景，讀完它的隔天早上，我決定要付諸實行。

說來可惜，我不太記得究竟是哪一本書了，但書裡說，一家公司的使命必須「激勵人心、能持續多年，不僅為經營理念提供明確準則，也給予員工足夠的施展空間，而不是試圖掌控所有大小決策的相關細節」。

那天早上，我對員工們說：「我承認公司的願景不夠明確。接下來，我們將努力描繪出令人信服的願景，讓全公司共同遵循。」

我接著說：「Google 的願景是『整理全世界的資訊，使每個人都能接觸並廣泛運用』，Facebook 的願景則是『賦予人們分享的能力，使這個世界更開放且緊密連結』，這只是幾個例子，但我們需要這樣的東西。」

幾天後，我們有了屬於 SNAP Interactive 的使命——「終結孤單」。然後又進行更深入的描繪：「為了豐富人們的生活，我們建立創新的解決方案，讓認識新朋友變得容易且有趣。」

有趣的是，我後來才得知，這個概念全都是邁克・謝洛夫的妻子瑪麗莎想出來的。這都多虧了邁克的智慧，因為他意識到，一群二十幾歲的網路阿宅很難為一家網路交友公司構思出像樣的企業使命，於是邀請妻子一同參與。

構思出公司的使命宣言，是令人印象極為深刻且振奮人心的事。員工更有動力來上班，因為覺得自己的工作不只是努力提升行銷的投資報酬率和取得更多用戶而已。此外，這也表示我們不必只著重於「透過網路認識約會對象」這一點，因為發現有愈來愈多的人使用交友網站，單純只是為了認識新朋友——而這背後隱藏著更龐大的商機。

訂下公司的使命影響了我們之後做出的每個決定，也鼓舞了所有人，有一個可以專注的目標。某次大家在卡拉ＯＫ歡唱時，我無意中聽到有人問邁克，他在SNAP Interactive的工作內容是什麼。他回答：「我敲一敲鍵盤，接著產品就生出來了。」那時我了解到，我們的企業使命確實帶來了一些影響。

爆炸性成長訣竅 52

你們公司是否有簡明扼要且激勵人心的願景和使命宣言？

核心價值

為什麼我們會僱用無法充分融入公司文化的人呢？

我讀到的一本書指出，這是因為公司沒有建立一套明確的企業價值觀，以此界定哪種人能在自家公司的文化底下成長茁壯。有了這層的體悟，於是我又提出另一個要求——請大家一起想出五項核心價值，讓全公司共同遵循。以下列出我們想到的五點：

1. **實驗精神**

我們用科學和數據導向的方法進行決策。我們假設、實驗、學習，然後重複執行。我們會推斷問題，並找出創新的解決方案。實驗與重複執行的步驟讓執行新構想更加順暢。

2. **承擔責任**

我們的熱情透過工作方式展現出來。如果看到什麼事有需要修正，不但會主動處理，還會做得很好。接著會尋找其他有改進空間的地方，並且設法改善。這不只適用於工作，也適用於我們自身。藉由上課、瀏覽網路論壇或參加讀書會的方式，積極追求自我成長，努力在自己的領域成為專家。

3. 快速行動

簽名、蓋章，然後發送出去！我們總是以最小可行性商品（Minimum Viable Product，簡稱MVP）*的形式製作產品。我們傾向迅速行動，勝過追求完美。我們喜歡今天遞交格式簡陋但內容精確的報告，勝過明天再交出格式優美的版本。

我們前進得愈快，就失敗得愈快，也學得愈快。為了幫助我們前進得更快，所以竭盡所能地將一切自動化。

4. 計畫並執行

沒有計畫的目標只不過是單純的願望。我們會擬定精實的計畫和流程，接著貫徹到底。但我們依然保持靈活，若發現目前的方向是錯的，會很快接受改變、擬定

＊譯註：指用最低的成本將產品設計出來，並且用最快的速度放到市場上，檢驗其是否可行。透過市場的需求驗證，不斷修正、調整，最後使該產品符合產品市場契合度。

新計畫，然後朝著新方向邁進。

5. 合作

任何人都可能想出很棒的構想，因此我們創造出一個安全開放的環境，可以不停地交換意見。在團隊合作上，傾聽和訴說同等重要，所以我們會先試著了解對方的想法，再陳述自己的意見。遇到阻礙時，會把焦點放在學習，而不是互相責怪。我們很重視彼此的想法，所以能夠在進行理性的爭論之後，還開心地一起去喝酒。

為了時時提醒每個人公司的價值何在，辦公室裡四處貼滿海報（廁所其實是最能吸引注意力的地方）。上述這五項核心價值成為我們持續努力的動力，因為所有人都覺得，自己是這個獨特價值體系的一部分，他們也都明白，要落實這些價值，自己必須扮演什麼角色。

此外，為了強化核心價值，我們也鼓勵員工對在這些項目上表現突出的同仁表示讚賞。在每周召開的全體員工會議上，會表揚這些同仁並給予獎勵。

更重要的是，這些核心價值幫助我們適時調整。隨著公司日漸成長，員工也能據此自己做決策。只靠公司領導人掌控所有決策、專斷獨行，這不是我和其他人希望看到的。然而，如果只有我知道公司的核心價值是什麼，那當然只有我才有辦法做決策。反過來說，如果員工感受到自己必須為產品品質承擔責任，而且可以全權做決定，就會願意表達自己的意見。

找出這五項核心價值，也使我們得以分辨，一個人能否充分融入我們公司的文化。若是某位應徵者和我們公司的價值觀不一致，就會考慮其他人選。比方說，我們經常聽到應徵者表示，為了避免分心，他們比較喜歡在家工作。由於 SNAP Interactive 的核心價值是合作，所以喜歡在家工作的員工可能就不太適合。

想迅速找出核心價值，可以看看公司裡面誰是理想員工的代表。應該不難發現這些員工身上有什麼共同特質，你就可以進一步找出公司相應的核心價值。

爆炸性成長訣竅 53

你是否有把你們公司的核心價值記錄下來？每一位員工都知道它們是什麼嗎？你是否為了強化這些價值，做了些什麼事呢？

打造公司文化的十個絕妙技巧

身為共同創辦人，我的兄弟達雷爾把主要重心放在改造公司文化上。他辛勤工作、意志堅定，讓我們深受啟發，最後得以消除公司的諸多弊病，《商業內幕》甚至寫了一篇報導，對我們大表讚賞。那篇報導的標題是〈為什麼電腦玩家喜歡為Facebook交友App開發商SNAP Interactive工作〉。

我們徹底轉變的關鍵在於，實行了一系列極具創意的「打造公司文化」技巧，使大家都很期待周一來公司上班。後來，達雷爾甚至還在一個很受歡迎的部落格上，特別發表了以這些技巧為主題的文章。

現在回想起來，為了打造值得誇耀的公司文化，我們可能做了超過一百件事，我在這裡只提出最重要的幾點。值得一提的是，它們基本上都是一些小事，任何公司都可以立即運用，快速改善公司文化：

1. 按摩日

相信我，它大受歡迎，而且花費並沒有想像中那麼高。我們只是請人每周或隔周來公司幾個小時，讓所有員工都能夠坐在椅子上，享受十五分鐘的按摩服務。大家只需要離開座位一會兒，費用也不貴，但員工都很期待這件事。此外，在招募訊息裡，也可以特別強調這項很棒的福利。

2. 員工電子報

隨著公司規模逐漸擴大，愈來愈難逐一認識員工。所以，我們開始製作電子報，每季發送一次。舉凡公司的重要大事和活動照片，員工的生日和重要里程碑，乃至新進員工的個人資料和專訪，都會放進電子報裡。

3. 夏日周五

在每年的陣亡將士紀念日、勞動節之前的周五，我們准許員工在下午四點以後的任何時間離開公司。即便這幾個小時沒有生產力，卻換來員工們的好心情。我們也鼓勵大家提供歡度夏日周五時光的照片，我們會把這些照片放進電子報裡。

4. 生日捐獻

隨著公司日漸成長，要一一告知某天是哪位員工的生日變得很困難，想找個所有人都方便的時間一起吃蛋糕也不容易，但我們還是希望能繼續慶祝員工的生日，因此想出了一個很棒的構想：在員工生日時，公司會提供一百美元，讓他們捐給自己選擇的慈善機構。我們會請員工寫一段文字，說明慈善機構的名稱、幫助對象，以及選擇這家慈善機構的理由。也會把這些文章放進公司電子報裡供大家閱讀，這項措施不僅令人「感到愉快」，同時也能做善事，一舉兩得。

5. 大事記

在辦公室其中一面白板牆上，我們用橫跨整個牆面的時間軸來呈現「SNAP的歷史」。這個時間軸裡包含每一位員工的照片，照片下方則分別列出他們開始上班的日期，以及在公司達成的重要里程碑。

6. 乒乓球

所有人都喜歡乒乓球，但我沒有想到在公司內會如此受歡迎。員工會提前到公司快速來場比賽，或是晚上特別留在公司只為了再多打幾場。我們還舉辦全公司的競賽，同仁會聚在一起觀看決賽。我甚至去訂製了冠軍腰帶，頒發給優勝者。這樣的友誼賽，對提升團隊凝聚力很有幫助。

7. 周三點心日

每周三下午，所有人都會休息片刻，並且聚在會議室裡享用美味的小點心。因為採用輪流的方式，每一位員工都有機會負責挑選點心。公司會提供約五十美元左右的預算，大家都想提供創意十足的點心，更勝別人一籌，因此樂在其中。有些點心是自製的，有些則是買來的，全都很棒，大家每周都很期待這一天。

8. 熱烈歡迎新進員工

人們常說，第一印象決定一切，所以在新進員工上班的第一天，我們希望確保他們笑著回家（而不是覺得很緊張、壓力很大）。在他們到公司之前，我們會在辦公桌放置趣味造型氣球。等他們進公司報到後，贈送一小瓶貼著客製化標籤的香檳慶祝，然後將他們介紹給一位「夥伴」。當天，這位夥伴的任務是帶他們出去吃午餐，並且回答他們的任何問題。

9. 文化俱樂部

為了進行一些文化活動，我特別把一群最富有創造力、充滿熱忱的員工集結起來。我們定期開會，每次都會有嶄新且具創意的活動因此產生，前述的許多員工活動都是這麼激盪出來的。我們自稱「文化俱樂部」（Culture Club）*，有時開會時，

＊譯註：是八〇年代的英國經典視覺系樂團，〈感情變色龍〉是該樂團的經典歌曲之一。

甚至還會播放〈感情變色龍〉（Karma Chameleon）這首歌呢！

10. 不好意思，我想你拿了我的「周年」釘書機

在新創公司當中，我們花了非常多心力招募新員工，因此也覺得向大家宣告哪些人已經在公司裡待了一段時間，是不錯的事情。我們會在員工到職滿一周年時，在全公司參與的晨會上，頒發一只刻有名字的紅色高級釘書機，大家都很喜歡。其他新進員工也會急切地倒數，等獲得了專屬的釘書機，還會拍照上傳到Facebook。

改造公司文化需要時間、努力，以及堅定的承諾，但我發現，這些小事有很大的幫助。我們和員工相處的時間比家人還多，所以打造有趣的工作環境、使員工們更緊密地連結在一起，一定會有回報。

爆炸性成長訣竅 54

你們公司是否提供所有員工十五分鐘的按摩服務（至少一個月一次）？相信我，這樣做準沒錯。

九十天衝刺計畫：訊息回覆數提升400%

「如果你能讓組織所有成員都朝同一方向努力，就可以稱霸任何產業；在市場中所向無敵、基業長青。」

——派屈克．蘭奇歐尼，暢銷商業書的作者

若是要我挑出一個對修復組織健康最有幫助的事，我會選擇「九十天衝刺計畫」。

在《基業長青》這本書裡，作者柯林斯和薄樂斯提出「BHAG」的概念——遠大、驚人、無畏的目標（Big Hairy Audacious Goal），以此作為持續創新的動力。他們認為，適當的BHAG十分激勵人心，全公司都會為此深深著迷，所有人都會跟著動起來。值得一提的是，柯林斯提出的這個BHAG，比較類似當年甘迺迪總統在演說中說，要使人類在十年內登陸月球。雖然SNAP Interactive的目標沒有這麼遠大，我還是對這樣的想法感到著迷。

我覺得，BHAG可以讓每一位員工都感受到，自己正在幫公司完成最重要的目標，同時也不會被太多目標和優先事項分散注意力。

如果所有人都了解並將注意力集中在同一個地方，每一位員工就會依據這個首要目標來做出決策。這應該也會使公司的其他關鍵績效指標（即ＫＰＩ）或目標跟著一起提升，因為整體生產力將會提高。

史蒂芬．柯維在《第八個習慣》這本書中，把抱持許多不同目標的公司比喻成嚴重失能（dysfunctional）的足球隊。這樣的比喻令我產生強烈的共鳴，因為它讓我想起高中時擔任籃球隊隊長的經驗。

我還記得，當所有隊員都對比賽瞭若指掌，並且合作無間時，是多麼神奇的一件事。感覺就算要跟一九九二年，由魔術強森、麥可．喬丹和大鳥柏德（Larry Bird）等人組成的美國夢幻隊比賽，我們似乎也能跟他們一較高下！然而，只要其中一個人變得不合群，要完成任何事都很困難。只要有一個人在意自己的得分勝過贏得比賽，我們可能會落敗，就算對手是二〇一六年表現堪憂的布魯克林籃網隊也一樣。

有了這層體悟，我決定進行內部調查，看看大家認為公司最重要的優先事項和目標是什麼。我預期每個人都知道答案，結果收到的答案五花八門，這自然又是另一個警訊。不過，我已經準備好要大刀闊斧地改變，只要向大家清楚表明我們的目標，以及要怎麼達成就行了。畢竟，如果過去沒有一致的目標，我們都能走這麼遠，試想一下，當我們所有人團結一心時會如何？

那個時候，我們的營收逐漸下滑，提出改變是絕對必要的。我們同時有大約二十項不同的目標和ＫＰＩ，我明白必須選定一項目標，幫助公司再度高效運轉。

我影印了一些正在讀的書的內容，發給公司裡的每一個人。我告訴大家，必須找對公司最重要的目標是什麼。

就像我先前說過的，用戶在線上交友網站上經驗到的最神奇一刻，就是他們發送的訊息得到回應，因為這表示他們有興趣的人同樣也對他們感興趣。有了這樣的發現，我們決定提升用戶在App上第一則訊息的回覆數，這將是公司著重的焦點，也就是我們的ＢＨＡＧ。雖然最終目標是提升營收，但還是需要一個更具體、聚焦的目標，讓我們得以直接朝這個方向邁進。

我們進行了一些基本的相關分析，發現用戶訊息的回覆數和營收高度相關。這並不令人意外，因為用戶收到愈多回覆，就愈常使用這個軟體，並且支付更多費用。那時，ＡＹＩ每天大約會收到八萬封回覆，而我們共同的目標則是在九十天內，使這個數字翻倍。

這是很高的目標，因為這一年來，訊息回覆數都相當穩定。然而，我深信目標短小就只能激發出微不足道的構想。我經常鼓勵（有時甚至是堅持）員工懷抱雄心壯志，因為這樣總是能夠激發出更棒的構想，最後帶來更好的成果。有些員工喜歡如此，有些不喜歡，說到底，最終還是取決於公司的核心價值。

在這九十天裡，我們不會談論其他KPI項目，只把注意力集中在提升訊息回覆數上。此外，我們會讓全公司同仁參與，大家被分成幾個小組，每一組都會嘗試在百分之十的網站用戶身上實驗他們的構想。成果最好的組別將獲得獎勵。

爆炸性成長訣竅 55

你大多數的員工是否都正為了幫公司達成某一項重要目標而努力呢？

能激勵我的事，不見得能激勵你

當目標夠遠大時，我發現，用對方法激勵人心就變得很重要。我過去在華爾街工作的經歷使我誤以為「只要給錢，誰都能產生動力」，結果並不盡然。

作為一位實業家，我想創造出很棒的產品，帶來更多利潤和更高的股價。這是驅使我前進的動力，但我很快就察覺，其他人有不同的動力來源，尤其工程師更是如此。對一些工程師來說，在工作中鑽研新技術、克服複雜挑戰，最能為他們帶來工作動力，也有人表示，可以對數百萬人產生影響，是他們最大的動力來源。幾乎沒有人說（即便我故意引導），薪水是最能驅動他們的因素。

值得一提的是，雖然我提供的獎品大多數人自己也都買得起，不過收到這些獎勵時，他們仍然會受到鼓舞。我發現這可能是因為他們其實喜歡這樣東西，只是不見得會自己購買，於是後來我開始多花時間和心力尋找極其特別的獎品。

爆炸性成長訣竅 56

請找出所有員工的動力來源，並且理解，他們的動力來源可能和你不同。你是否詢問每一位應徵者和員工，什麼會使他們每天更想到公司上班？

在問過公司裡的每個人，什麼獎品最能激勵他們後，我曾提出以下獎勵：極受歡迎的百老匯音樂劇《摩門之書》（*The Book of Mormon*）*門票兩張、可自行選擇任一家牛排館享用晚餐、價值兩千美元的 Apple 禮品卡一張、一場預算五千美元的小組派對，以及享有一周專車接送上下班的服務等等。

*譯註：《摩門之書》又譯為《摩門經》，曾經榮獲九項東尼獎，至今票房累積超過五億元美金，是有史以來最成功的音樂劇之一。

紐約尼克隊會邀請我一起演出嗎？

有趣的是，我在實行九十天衝刺計畫前，也曾在其他機會下，學到如何激勵人心的寶貴一課。公司就在麥迪遜廣場花園旁邊，而我正好是個狂熱的籃球迷，於是心想：「如果能獲得紐約尼克隊*的球季套票，不是很讚嗎？用這個當作激勵工具一定很棒！」那時我還不了解每個人的動力來源不同，因此一廂情願地打算讓每位員工挑一場比賽觀賞。

我迫不及待地告訴大家這件事，令我大感意外的是，公司裡很多女性員工都想去看球賽，但幾乎所有的男性員工都顯得興趣缺缺，讓我震驚到下巴都要掉下來了。

甚至還有一位男性員工問我：「一場比賽打多久？」

「大約兩個半小時左右。這是紐約尼克隊的比賽——你應該知道他們是一支職業籃球隊吧？」

他又問：「我該穿什麼衣服去？」

＊譯註：紐約尼克隊的主場為麥迪遜花園廣場。

「什麼意思？為什麼要問你該穿什麼去……長褲和襯衫如何？」他回答：「我的意思是，我需要穿西裝或其他正式服裝嗎？他們應該不會邀請我去開球之類的吧？」

最後這個問題使我清楚了解到，他對職業籃球一無所知，去看球賽一點也不吸引他。不過這個故事的後續發展很有趣，他最後不但去看了球賽，還成為紐約尼克隊的超級粉絲。

有了適當的動機之後，所有人都努力構思怎麼讓回覆數翻倍。唯一的規定是，每個構想都必須先取得我和其他幾位資深領導人的同意，才能在 App 上進行測驗。我們每周召開一次會議，確認每位小組成員的進展如何。在這九十天裡，我們只專心做這件事，至於營收和訂閱人數都暫時被擺在一邊，它們就像家裡剛添了弟妹，而暫時被冷落的大孩子。

當你為了達成目標，提供極其誘人的獎勵方案時，會發生什麼事？

有些五年來都沒有貢獻過任何構想的人，突然變得積極參與，並且提出一些「太有創意」的想法。其中有個構想是設計一個按鈕，讓使用者可以將訊息傳送給所有人。這其實和 Facebook「發送給所有人」的功能是一樣的，從技術層面來看，這確實能使回覆數翻倍（因為每一名用戶都會被訊息淹沒），但是這會嚴重破壞用戶體驗，所以必須予以否決。

我又問這名提案人是否還有其他構想。果不其然，他還有幾個非常棒的想法，而且不像前一個這麼有破壞力。我再深入追問：「你的這些創意靈感是怎麼來的？」他回答：「因為我真的很想去看《摩門之書》。」這真的是「動力來源因人而異」的最佳證明。

在這段衝刺期間，每個小組都至少提出了一個很棒的構想。其中有一個點子是讓用戶在登入時，看到一個顯示「未讀訊息」的彈跳視窗。這個想法雖然很簡單，但很聰明，光靠這一點，就幾乎使回覆數翻倍。

通常使用者會覺得彈跳視窗很煩人，進而對用戶體驗造成負面影響，但是當時我決定新增這個功能。因為在交友網站上收到訊息是很美好的事，所以我認為強調這一點，用戶們可能會喜歡。一如往常，分析數據提供了令人訝異的資訊，讓我學到寶貴的教訓——彈跳視窗會降低女性用戶的留存率，因為她們太常收到訊息，不停地看到彈跳視窗反而會覺得很煩。於是我們迅速改版，用戶只要點擊一下就可以關閉這項功能。

另一個構想是，增加用戶收件匣頁面顯示的訊息數量。這個概念過於簡單，卻成效顯著，令我十分驚訝。提出這個想法的人說：「因為一頁只會顯示十則訊息，所以我如果想閱讀更多訊息，就必須頻繁點擊『下一步』，我覺得很不方便。」

一開始，他們那一組先試著把收件匣第一頁顯示的訊息數，從十則增加到二十則，結果回覆數大幅增加。他們又試著增加到三十則，這次回覆數的成長幅度更大。不過當他們將訊息數增加到五十則時，頁面載入時間變得太長，開始破壞用戶體驗。所以我們後來判定，一頁顯示三十五則訊息是最合適的。

最棒的想法往往不是出自那些被聘來負責開發新構想的高薪員工，而是來自意想不到的地方，最常見的來源是基層的人員。這是我學到的另一件有趣的事，也會一直銘記在心：從公司每個人身上尋找創意，因為你永遠不會知道真正的天才藏在何處。

同時，就像前面曾提過的，為了確保我和其他公司領導人不會與我們的客戶脫節，支援小組每周都會彙整使用者提出的重要問題和意見，讓管理階層討論因應對策。

對了，說到真正的天才，當時還有一個構想是，在我們發送的電子郵件主旨加上愛心符號。我聽到時的第一個念頭是：「這點子也太蠢了。」當然我沒有說出口，畢竟這對腦力激盪和公司核心價值的殺傷力太大了。反正遊戲規則是，只要一個構想尚可實行，我們就得嘗試，結果電子郵件的開啟率上升了百分之十八！真是意想不到！

這項九十天衝刺計畫的成果如何？我們的訊息回覆數不僅翻倍，還成長了五倍（從每天八萬封上升到四十萬封）。這看似簡單有趣的相互交流，徹底顛覆公司一貫的做法，同時還讓年營收成長至一千九百萬美元。在我們迫切需要解藥時，它大幅改善了衰敗的組織健康，以及缺乏共同目標的問題。

爆炸性成長訣竅 57

不要害怕嘗試任何構想，因為你很少能預測哪些想法會發揮作用，哪些則否。你最近是否嘗試過某個你們客服團隊非常喜歡的構想呢？

爆炸性成長訣竅 58

要達到哪項目標，就能解決你們公司大多數的問題呢？你是否已經擬定計畫，把你們的注意力都集中在達成這項目標上？

爆炸性成長訣竅 59

目標短小就只能激發出微不足道的構想。把你的目標擴大兩倍或三倍，並且用全公司參與的腦力激盪會議徵詢大家的構想。

推薦書單

蓋瑞．凱勒，《成功，從聚焦一件事開始》。

用「黑客松」解決問題

稍後我們面臨的另一項挑戰是，新用戶因為AYI在Facebook上大肆瘋傳，源源不絕湧入的熱潮已經不復存在，必須重新找出持續成長的方法。我們一直試圖保持專注、比其他人更努力工作，並且運用數據做出聰明的決策，也因此很快就意識到，善用數據不僅是一種優勢，對持續成長也很有幫助。

從外表看來，我們或許像是一群無憂無慮的技術阿宅，賦予自己「終結孤單」的使命，希望能夠造福他人。然而，從內部看來，我們是一台認真嚴肅、數據導向、善於分析、進行大量數字運算的機器。必須承認我太晚察覺SNAP Interactive脫穎而出的關鍵在於，蒐集並快速分析大量數據的能力。

我們可以同時進行數百個實驗，為網站的功能創造出數百萬種排列組合。接下來即時蒐集實驗結果，並且劃分成我們想要的族群——年齡、性別、地點，以及其他能創造出絕佳用戶體驗的項目。

在我們為了重新獲得成長，花了數個月埋首於精心規劃產品發展藍圖時，團隊成員開始抱怨，公司不再容許新的構想和創意。這樣的回饋真是給了我一記當頭棒喝。因為我經常想起過去 Facebook 是如何為我們帶來的龐大商機，我知道這種機會將來還會再出現，但如今我們只把焦點都放在「重新獲得成長」，恐怕會在機會來臨時錯過。

因此，我問他們有什麼建議。獲得的建議是可以仿效 Google，他們的員工可以利用百分之二十的時間，盡情發揮創意並嘗試任何他們想做的事。然而我不能接受這種做法，因為感覺太像是漫無目地的玩耍。

另一個建議是舉行「黑客松」（Hackathon）*，雖然性質很類似，但更有組織性，因為所有人都在同一個時間玩樂，所以能夠相互合作——這正好符合公司的核心價值。不過，我那時仍舊只把黑客松看成是「大家每周有一整天可以不工作」，

* 譯註：又譯為「駭客松」，原本目的是在短時間內，進行馬拉松式的協作活動，一起完成程式設計等工作。發展至今，已經不限於ＩＴ業界，它能串連不同議題、不同領域的專才，完成創意發想、專案開發等項目。

但其實大錯特錯。

我們會在每個月的最後一個周五舉行「黑客松」。為了不讓我覺得這完全是在浪費時間，每次都會提出一個大主題，或是公司正設法解決的問題，讓小組成員有個發想的目標。不過，這並非硬性規定，所以如果有人對某一次的主題沒有興趣，還是可以根據任何自己想做的主題進行腦力激盪。

在某次「黑客松」舉行之前，行銷團隊說：「我們希望有辦法快速判別行銷活動的成效，而不是等幾個月後收到營收數據才知道。」有幾位工程師興奮地接受了這項挑戰，他們和行銷團隊一起合作。就這樣，許多原本不曾說過話的公司成員展開合作，因為你不會知道哪位同事擁有寶貴的技能，可以協助找出解決方案。

我們藉由「黑客松」與努力開發，建構了一套複雜的系統，這套系統每分鐘能分析數百萬筆數據，我們也利用它們來吸引媒體報導。

這套新工具可以根據用戶個人檔案上的資料，例如年齡、性別、所在城市等，以及他們一開始的活動，像是瀏覽了多少人的檔案、上傳了多少張照片等，精準預測行銷活動的長期投資報酬率。這個小組證實，分析用戶一開始的活動，能夠準確預測接下來的幾個月，該名用戶和行銷活動所帶來的營收。這意謂著，在還沒有因為行銷活動產生收益前，我們就可以計算投資報酬率了，這件要花費其他公司好幾個月的事，現在我們只要幾分鐘就能完成。

結果，我們因此成為交友產業裡的一家大數據公司。

爆炸性成長訣竅 60

你的員工是否有機會發揮創意，並嘗試他們的構想？你們公司是否每個月舉行一次「黑客松」？

爆炸性成長訣竅 61

你們公司是否有自己開發出來的工具，這些工具可能比你們現有的產品更有商機？你是否做了什麼事，讓它們成為新商機？

調查顯示……

我們的用戶很喜歡了解網路交友的整體狀況和各種現象，媒體也是如此。由於人性使然，大多數人都很好奇，想知道自己在統計數據中屬於哪個部分，以及在想要吸引他人時，這又會造成什麼影響。我們發現，公司其實手邊就有數據，可以回答那些一般被視為禁忌或具有爭議性的問題。我們覺得分析結果非常有趣，可能會帶來重大影響。

那時情人節快要到了，我們想要吸引媒體報導，因為單身人士在這一天最容易跑來交友網站註冊，並且使用付費服務。有一次，當我們像往常一樣召開腦力激盪會議時，有人說：「我朋友的男朋友在 Facebook 上更改感情狀態，她才發現自己變成單身了。我們有辦法看看數據，這種事是否常在 AYI 上發生嗎？」

儘管沒有這樣的內部數據，但只要進行簡單的調查，用戶就會提供。於是我們詢問用戶，是否曾經因為看到另一半更改 Facebook 上的感情狀態，才發現一段關係結束了。調查結果顯示，有百分之二十五的應答者回答「是」。在這種情況下，痛苦的人更需要陪伴，所以他們會想看到這樣的數據，證明自己並不孤單。我還記得，這項調查不僅吸引許多媒體報導，也幫助取得很多新用戶。自從發現能夠獲得對公司有利的結果之後，我們就開始多加運用這個概念。

我跟所有人說：「這麼做效果很好，我們來想想其他有趣或具有爭議性的構想吧。」公開徵求大家的想法之後，收到數百個甚至可能是數千個構想，而且絕大多數都很棒。對我們而言，一個極為重要的概念於焉誕生，那就是用大數據來說故事。我們也因此推出了一個名為「交友相關數據」的部落格，還被媒體廣泛報導。

為了讓一篇報導或新聞稿在網路上大肆瘋傳，許多公司都會花很多錢，或是無所不用其極。我們則是從過去熱點行銷的成功經驗（小甜甜布蘭妮的那個例子），以及情人節分手的故事，清楚了解到可以用數據或調查結果作為素材，不斷創造出有趣且吸引人的故事，藉此使我們的品牌成長。

結果，很多故事都暴紅（數百萬次瀏覽），也因此獲得許多新用戶。我們對撰寫這些故事的規則變得十分熟悉，而這也能運用在其他產業上。我將「用大數據說故事」時的一些簡明扼要的規則列舉如下：

1. 想出一個有趣或具有爭議性的主題

建立一個和自身產業相關，有趣、具有爭議性或被視為禁忌的假設，通常我們會透過全公司參與的腦力激盪會議來進行，例如：金髮女性是否真的比較受歡迎？

2. 分析數據

若是沒有足夠的數據或無法進行分析，就向用戶進行問卷調查（或使用 Google Survey 來調查）。舉例來說，要分析金髮女性在網路上是否比較受歡迎，我們只需要分析不同髮色的女性用戶被按讚和被跳過的比例即可。

3. 使用引人注意的標題

找出最有趣或具有爭議性，能夠吸引人們注意的分析結果，並且在標題裡強調這個部分。例如：金髮女性在網路上的受歡迎程度，比一般女性高出百分之二十八。

4. 創造有趣的視覺效果

用精心設計的視覺效果將數據呈現出來。

5. 針對不同的族群，將故事改寫

在第一則故事成功獲得迴響後，將該故事改寫，但強調更細微的部分，像是特定地區（國家、城市、州）、年齡層（千禧世代 vs. 嬰兒潮世代），或是利益團體（Android vs. iPhone 用戶），運用同一個概念創造出更多暴紅的故事。舉例來說，針對髮色，我們進一步將分析結果根據州、城市、年齡層和性別劃分。

接下來的幾個小節，我列舉出一些AYI（現在改名為FirstMet）用大數據說故事時，最有趣、最受歡迎的例子。這些故事都吸引大批媒體報導，也使我們取得數萬名新用戶，同時讓我們的品牌在用戶心中保有一席之地。你可以在以下網址找

到我們所有的大數據故事：

http://www.explosive-growth.com/case-study。

金髮女性（在網路上）是否真的比較受歡迎？

很顯然，是這樣沒錯——至少我們的研究結果如此顯示。

許多很棒的數據故事都是公司裡的女性員工想出來的，關於髮色的數據故事就是其中之一。分析不同髮色女性的被按讚率之後，我們發現，金髮女性的配對成功率，比其他髮色的女性高出百分之二十八。這個數字對大多數讀到這篇文章的人（也許全部都是非金髮的人）而言，似乎非常高，但這是有數據支持的。

禿頭其實很美好

即便用數據證實或顛覆普遍存在的刻板印象（例如金髮女性比較受歡迎），通常就足以引起廣大興趣，這些數據也時常透露令人訝異的結果，甚至帶來更多附加價值。於是，我們同樣分析了男性的髮色數據，數據顯示，果然禿頭完全沒有造成不好的影響，因為禿頭男性的配對成功率還比一般男性高出百分之五。

我們因為這則故事獲得瘋狂迴響，使我們明白說故事的祕訣（本章先前已經大致說明過這五個步驟）。接著，我們也從地區分析的角度來切入這則故事。

哪種髮色在網路上最受關注？

下列 FirstMet 的數據顯示，不同髮色和性別的用戶「被按讚」的比例（和平均值相較）。舉例來說，金髮女性的配對成功率比一般女性多出 28%。

女性		男性
金髮　配對成功率高 28%	1	銀髮　配對成功率高 29%
棕髮　配對成功率高 25%	2	灰髮　配對成功率高 27%
紅髮　配對成功率高 6%	3	禿頭　配對成功率高 5%
黑髮　配對成功率低 4%	4	棕髮　配對成功率低 1%
銀髮　配對成功率低 20%	5	金髮　配對成功率低 2%
灰髮　配對成功率低 25%	6	黑髮　配對成功率低 15%
	7	紅髮　配對成功率低 17%

你是否會吸引到拜金女？

我們的 App 上有一個區塊，可以讓用戶們設定他們的收入範圍，這在交友網站上十分常見。我們認為，要想出一個故事，把收入和網路交友成功連結在一起，以此說明這些分析結果，應該是很容易的事。

用戶多賺的每一塊錢，都確實增加他們在網路上的吸引力，這並不足為奇。重點在於，年收入超過十五萬美元的男性收到的

美國各州的男性比較喜歡什麼髮色？

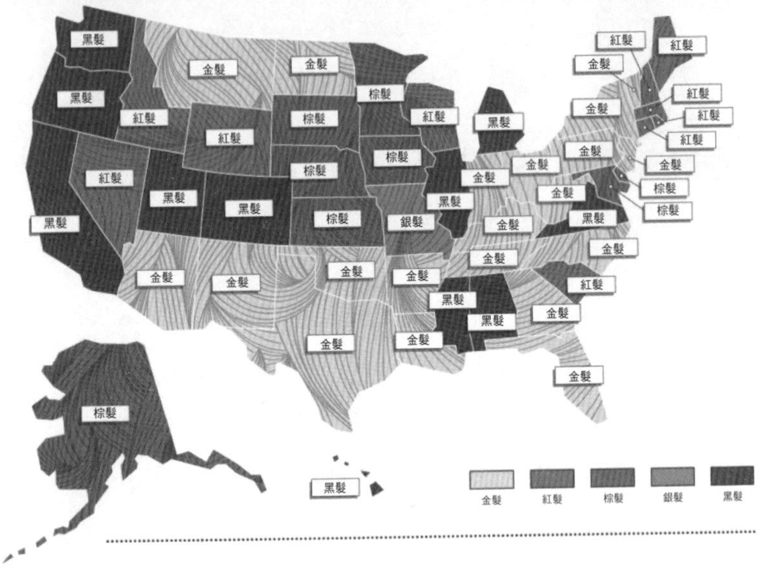

訊息數量，比年收入低於四萬美元的男性多出百分之五十三。整體數據顯示，收入較高的男性被按讚率是百分之十七點八，而收入較低的男性被按讚率則是百分之十一點六。

在這則故事成功獲得迴響後，我們覺得，進一步看看美國哪些城市的男性最有可能找到拜金女，應該會很有趣。

身高很重要

數據告訴我們，所有人都喜歡錢，以及女性比較喜歡身高較高的男性。雖然它們都不是什麼重大發現，但這兩篇故事都在網

你的髮色在哪個城市最受歡迎？

下列 FirstMet 的數據顯示，美國各城市分別最喜歡哪種髮色。舉例來說，金髮女性在佛羅里達州坦帕最受歡迎。

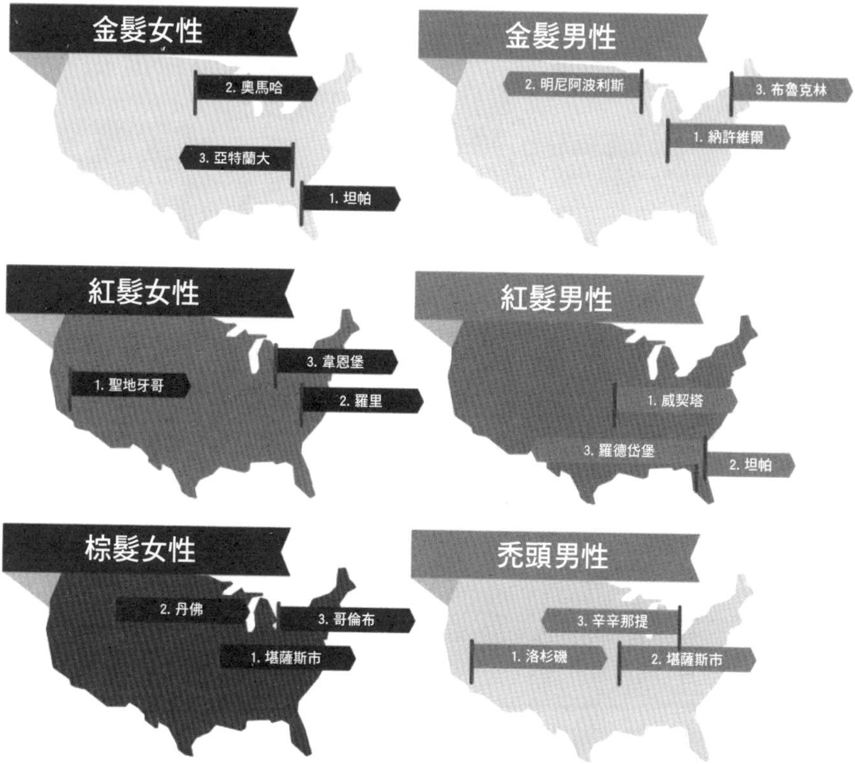

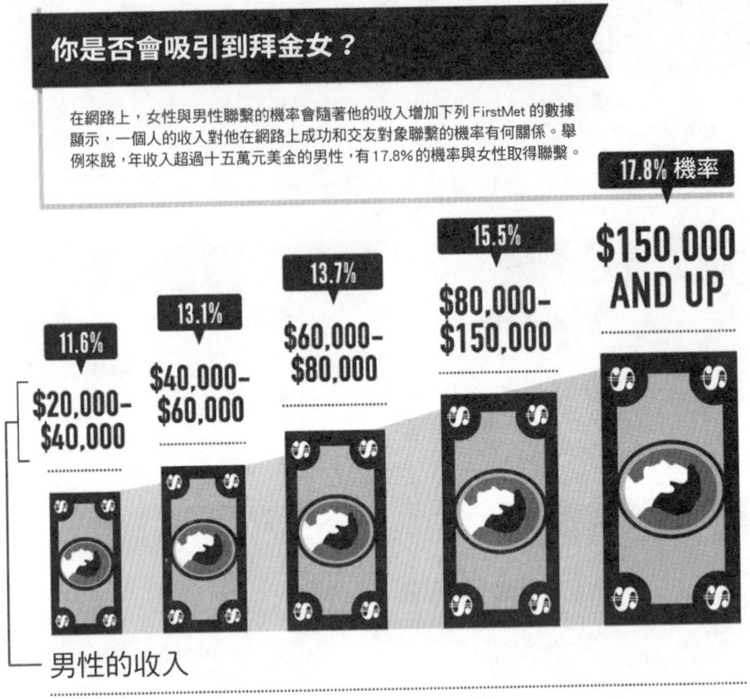

在網路上，女性與男性聯繫的機率會隨著他的收入增加下列 FirstMet 的數據顯示，一個人的收入對他在網路上成功和交友對象聯繫的機率有何關係。舉例來說，年收入超過十五萬元美金的男性，有17.8%的機率與女性取得聯繫。

路上大肆瘋傳，因為我們能夠將分析結果量化，並且用有趣的方式來詮釋它們。比方說，男性身高每多一吋（二．五四公分），都讓他們的吸引力增加，不過還是有個上限——六呎八吋（約兩百零三公分）。身高六呎二吋（約一百八十八公分）的男性成功與女性取得聯繫的機率，比五呎五吋（約一百六十五公分）以下的男性高出百分之五十七。

我們覺得這個分析結果非常有趣，所以決定也

哪裡有拜金女？

拜金女最多的城市

這個城市的女性會與年收入超過八萬元美金的男性聯繫的機率下列 FirstMet 的數據顯示，各城市的女性回應男性（年收入八萬元美金以上）的比例為何。舉例來說，住在德州休士頓的女性回應率比其他城市都高（24%）。

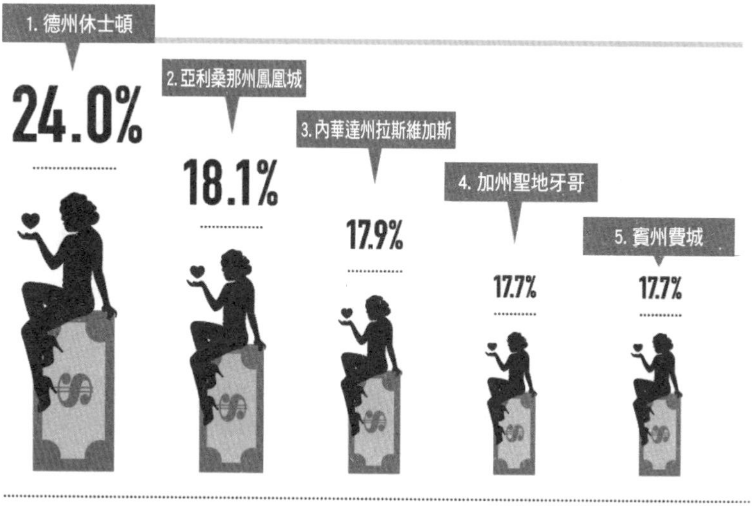

針對我們第二大市場的英國用戶，進行同樣的分析，同時發現我們還可以從不同地區的角度切入，於是又將地區範圍限縮到各城市。結果顯示，身高五呎九吋（約一百七十五公分）以下、住在曼哈頓的男性，成功與女性取得聯繫的機率只有百分之一點二。

這代表，有百分之九十九的女性會因為身高選擇「跳過」你。然而，在鄰近的澤西市（Jersey City），身材矮小的男性則有百分之七點六的被按讚率，明顯好上許多。我曾好奇，這篇報導是否會促使身材

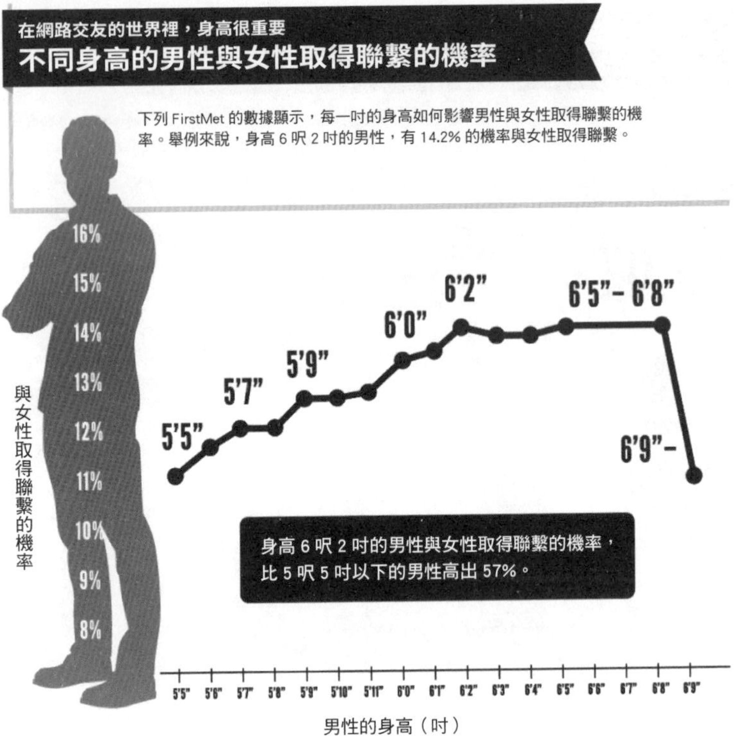

下列 FirstMet 的數據顯示，每一吋的身高如何影響男性與女性取得聯繫的機率。舉例來說，身高 6 呎 2 吋的男性，有 14.2% 的機率與女性取得聯繫。

矮小的男性，從曼哈頓移居至澤西市呢？

結果，我們因為把地區範圍限縮到紐約都會區，這篇新聞受到《紐約每日新聞》（New YorkDaily News）和《紐約郵報》（The New York Post）兩家當地媒體的大規模報導。

前凸後翹的女性在哪裡受到歡迎？

這些數據讓我們玩得很開心，除此之外，我們也真心希望能提供

身高在紐約都會區的哪些區域最重要？

身材矮小的男性與女性取得聯繫的機率

下列FirstMet的數據顯示，各區域的女性與身高5呎9吋以下的男性聯繫的機率。舉例來說，住在紐澤西州澤西市、身高 5 呎 9 吋以下的男性，有 7.6% 的機率與女性取得聯繫。

1. 澤西市 7.6%
2. 皇后區 5.4%
3. 史塔登島 4.1%
4. 長島 3.7%
5. 布魯克林 2.4%
6. 布朗克斯 1.2%
7. 曼哈頓 1.2%

價值給用戶和讀者。一個常見的看法是，人在網路上有行為變得膚淺的傾向，因此我們認為，看看哪些城市比較喜歡前凸後翹的女性，同時確認哪些城市的人最膚淺，對用戶或許很有幫助。

種族歸納

OKCupid 曾經發表過一篇很棒的文章，說明種族因素如何影響網路交友，內容爭議性十足，但我們也贊成這樣的論點。我們也思考，能否運用這個幾年前提出的概念，提供更穩健的數據，並從更細微的角度切入，特別是不同種族的女性或男性受

前凸後翹的女性
在哪些城市最受歡迎或不受歡迎？

FirstMet 檢視了十萬筆互動，以此判定前凸後翹的女性在哪些城市最受歡迎（根據她們的個人檔案被按讚的比例）。舉例來說，當一位住在內華達州拉斯維加斯的男性瀏覽這類女性的檔案時，她有 12.1% 的機率被按讚。

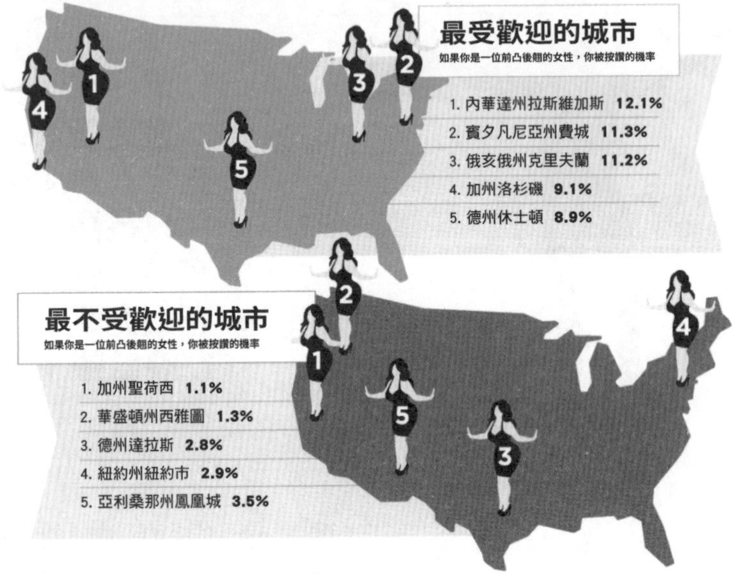

歡迎的程度。

當時，這則故事成了頭條新聞，主要是因為有趣且吸引人的數據——所有種族的男性都最喜歡亞裔女性，除了亞裔男性以外（他們比較喜歡西班牙裔女性）。

因為把兩個性別都涵蓋進去，這則故事變得和每個人都有關係，所以更容易傳播出去，甚至因此被許多電視台報導。這次經驗使我們了解到，這些故事可以每隔幾年進行更新並改寫，它們不需要是原創的，因為隨著時間過去，同樣的主題又會再度變得吸引人。過了三年，很可能又會有全新一批網路交友用戶想要閱讀這類型的文章。

後面列出一些很有趣的分析結果，讓媒體蜂擁而至，主要是因為我們用數據證實或顛覆了某些既定成見，相當就具有話題性（當然，我們也下了一些很吸睛的標題）：

✸所有種族的男性都最喜歡亞裔女性，除了亞裔男性以外——他們比較喜歡西班牙裔女性。

✸亞裔、西班牙裔和歐洲裔女性比較喜歡歐洲裔男性，但歐洲裔男性回應歐洲裔女性的機率比較低。

✸歐洲裔女性回應歐洲裔男性的機率，是她們回應非洲裔男性的兩倍。

✸非洲裔女性在網路上回應男性的機率，比其他種族的女性高出百分之三十四，而亞裔女性回應男性的機率則最低。

在成功獲得迴響後，我們覺得把幾篇頗受歡迎的文章，像是關於種族和體型的內容組合在一起，應該會很有趣。我們還特別加碼分析，不同種族的男性對於那些

以結婚為前提 V.S. 只想玩玩
哪裡的女性想約砲、男性想結婚？

針對「你想尋找穩定關係或隨興關係」這個問題，FirstMet 分析了近一百六十萬筆回覆，結果得出關於美國單身人士的有趣結論。我們一般都認為，女性想要承諾，而男性不想被綁住，對吧？但數據顯示，可能並非如此。

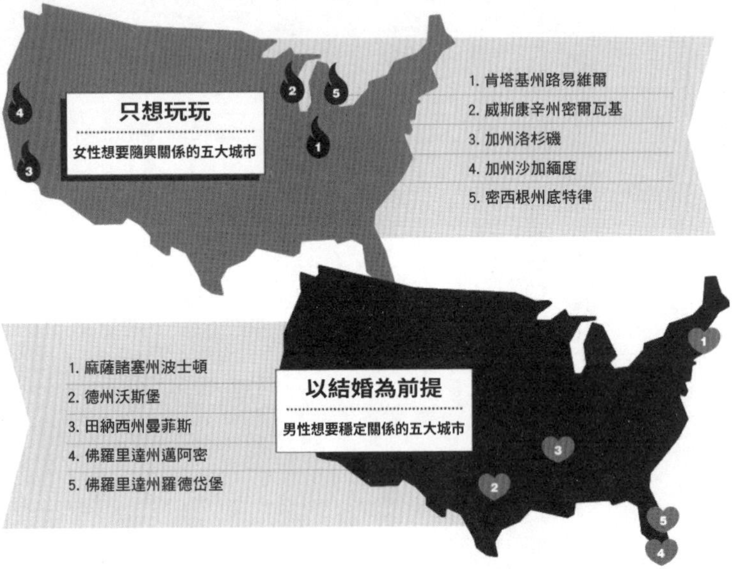

「前凸後翹」女性的回應率如何。這使得兩篇文章都持續獲得動能，被當作流行新聞繼續發酵了一段時間。這裡也舉出其他有趣的分析結果：

✸ 亞裔男性「喜歡」前凸後翹女性的機率最高——他們的按讚率是百分之十五。

✸ 歐洲裔男性「喜歡」前凸後翹女性的機率最低。

✸ 亞裔男性「喜

歡」前凸後翹女性的機率，比歐洲裔男性高出百分之八十五。

* 非洲裔男性「喜歡」前凸後翹女性的機率，比歐洲裔男性高出百分之五十二。
* 西班牙裔男性「喜歡」前凸後翹女性的機率，比歐洲裔男性高出百分之二十八。
* 所有種族的男性都比較喜歡苗條或線條緊實的女性。

爆炸性成長訣竅 62

你是否已經列出你們產業中，有趣、被視為禁忌或具有爭議性的話題？你是否打算用數據證實或反駁？你可以發布一篇新聞稿，內容中強調具有爭議性的數據，你將因此獲得驚人的成長。

善用「前十名」

我們學到另一項使這些數據故事暴紅的祕訣，那就是在標題架構中加入排行榜的概念。來看一下我們用過的一些標題：

* 超過四十歲的單身人士最受歡迎和不受歡迎的十大城市

- 女性想要隨興關係的五大城市
- 男性想要穩定關係的五大城市

因為我們把資訊分解成簡短易懂的數字資訊，讀者自然被這則故事吸引。在其他公司費盡心思想讓一篇故事暴紅時，我們已經找到突破的方法，對我們而言，問題已不是一則故事「是否」會暴紅，而是「我們何時想」讓下一篇故事暴紅。

爆炸性成長訣竅 63

排定腦力激盪會議，讓大家一起想出你們產業或產品的「前十名」吧！

熱點行銷持續發揮效用

熱點行銷是指利用熱門的新聞事件，把自己的公司置入相關話題裡，藉此吸引媒體報導和社群媒體參與。我們先前有過運用杜克大學籃球隊，以及小甜甜布蘭妮的新聞，成功進行熱點行銷的經驗。我們用自己的角度切入這些熱門報導，吸引大批媒體關注。

熱點行銷的好處在於，該報導已經很熱門（這代表可能還會有許多後續報導），不需要花很多時間思考怎麼詮釋它。此外，也不必發布完整的新聞稿，只要將特殊的詮釋角度和相關數據提供給寫手即可。另一個好處在於，大公司無法立刻參與競爭，因為熱點行銷需要極快的反應速度。基於這些理由，只要在熱點行銷上花一點時間，就可能帶來很高的投資報酬率。

另外，新聞話題往往有重複出現的傾向。試想一下總統大選、極端天氣，以及其他必然會重複發生的事件，就能夠明白我所言不假。所以，事先做好準備是非常重要的。

比方說，與暴風雪這樣極端天氣有關的新聞，每年總是定期出現。因此，每當氣象預報說會有暴風雪時，我們馬上就會提供相關數據或新聞材料給記者：數據顯示，暴風雪期間，用戶會大批湧入交友網站「找人取暖」；前一年暴風雪時，用戶傳送訊息的次數增加了百分之三百四十等等。透過這種方法，我們公司每年都可以在關於極端天氣的全國性新聞中至少曝光一次。

爆炸性成長訣竅 64

你是否已經找出熱門的新聞報導，將你們公司置入其中？你是否積極提供新的詮釋角度或新數據給寫手？

爆炸性成長訣竅 65

為了預先掌握進行熱點行銷的時機，請找出即將舉行的音樂會、藝術節、體育活動、座談會、年度活動和貿易展。

你能否至少列出三個這樣的活動呢？

爆炸性成長訣竅 66

進行熱點行銷時，能夠迅速反應是關鍵，因為大公司跟不上這樣的速度。你是否已經聯繫重要寫手並告訴他們，雖然時間緊迫，但貴公司願意提供任何他們需要的數據和調查資訊？

10 Tinder 找到突破市場的方法

「如果你把錢用在創造出眾的產品和服務上，
你就不需要再花錢宣傳。」

——美國作家與成功創業家，賽斯．高汀

當我一聽說關於 Tinder 的事，就知道他們會成功。因為他們找到所有產品（特別是線上交友網站）的終極目標，那就是藉由大量口碑宣傳獲得成長。這種成長方式不僅不需要花任何錢，而且用戶若是透過朋友推薦得知一項產品，接受度會比看到廠商砸大錢的宣傳活動來得高。比方說，我就聽說有個砸了五萬美元的超級失敗活動，該公司花錢僱用直升機和比基尼辣妹向群眾發送傳單，結果完全沒有任何回報，這也太丟臉了吧！

「玩」Tinder

我第一次發現 Tinder 有多麼與眾不同，是某天晚上在曼哈頓一家酒吧喝酒的時候。當時，我注意到有五、六位二十幾歲的女性正盯著手機瞧，好像玩得很開心的樣子，從她們的某些反應和對話片段來看，應該是正在使用交友 App。為了確認是否真如我所想，以及這個 App 是什麼，我決定向她們搭訕。

「嗨，請問我可以問一下你們在做什麼嗎？看起來好像很有趣。」

其中一個人回答：「噢，我們在玩一個叫 Tinder 的新遊戲。」

我想知道更多關於這個新「遊戲」的事，所以雖然有些冒險，我還是跟她們熱烈地聊了起來。

她們跟我解釋，這個 App 會逐一顯示不同男性的照片，若是她們喜歡該位男性，就向右滑動；若是不喜歡，就向左滑動。聽到這樣的說明，我一開始不太明白這麼做的目的是什麼，於是就問要如何在這樣的遊戲中獲勝。

「你不是真的要贏啦，但如果對方也喜歡你，你們就會配對成功。接著可以傳訊息給彼此，並約出來見面。」

我回答：「所以這是一個交友網站？」但她們堅持 Tinder 絕對不是一個交友網站，對她們來說，「玩遊戲」的概念勝過「網路交友」。

我們展開了異常激烈的爭論，到底 Tinder 是一個交友網站、遊戲，還是一家販售單身男性的網路零售商店？眼見無法說服我，到後來，其中有名女子略顯挫敗地大聲嚷嚷：「不，我們沒有在用網路交友服務！這就像我們在買東西，但商品變成了男人，懂嗎？」這時我就意識到，Tinder 將改變網路交友的整體風貌，因為他們找到突破市場的方法。

他們是怎麼做到的？

那時 Tinder 並非家喻戶曉，但我立刻就看出他們令人感到驚奇之處，必須好好研究他們在做些什麼。我先前說過的，那段時間市面上出現了一大堆交友 App，身邊很多人都覺得我應該要多加注意這些競爭對手。老實說，這些 App 都沒有什麼研究價值，而且大概在一年內就全部從市場中消失不見。然而，我會在意 Tinder，不是沒有道理的。

不再是神祕禁忌

那個時候，網路交友依然被視為禁忌，只能偷偷進行，但 Tinder 卻找到方法消除這樣的想法。我並不是指他們讓單身人士願意熱切跟朋友分享自己在進行網路交友，而是讓使用者認為 Tinder 不屬於網路交友的範疇，就像我在酒吧遇到的那群年輕女性一樣。她們覺得它像是遊戲或購物體驗，沒有任何和網路交友相關的負面意涵，如此一來，跟朋友談論 Tinder，或是一群人一起「玩」Tinder，就是有趣且可以接受的一件事。

那天晚上過後，我開始在外出時多加留意四周，看到一群又一群的女性都在「玩」Tinder。此時我意識到，我們有大麻煩了。

我迅速在 SNAP Interactive 召開全員會議：「現在有一個新的交友 App 叫做 Tinder，它將成為全世界最大的交友 App。我們必須弄清楚發生什麼事了。」這又使我察覺另一件事，為了明白這些功能的效用，我們終究得開發一個具備類似功能的 App。儘管我非常想要把這些功能和 AYI 整合在一起，我又想起我們學到的寶貴教訓，想重塑既有產品在用戶心中的印象是不可能的——我們必須開發一項全新的產品。但首先，我們得了解，為什麼 Tinder 僅僅靠口碑宣傳就獲得如此驚人的成長。

Tinder 除了讓人印象極為深刻之外，他們網站的介面也令人驚豔。我們的網站有很棒的介面，用戶只要點擊幾下，就可以載入 Facebook 上的個人檔案，並完成註冊。然而，在 Tinder 上，用戶只要點擊一下，就能馬上瀏覽其他用戶的個人檔案。「你是否喜歡這個人？是或否」，就這麼簡單。雖然這並沒有比我們好上十倍，但可能也有五倍。即便光憑這一點不足以構成很大的差異，但 Tinder 還有一項顛覆市場的功能肯定可以。

除了女孩，還是女孩

在網路交友的世界，不，在交友的世界裡，男性完全無關緊要。只要有女性在的地方，他們就會出現。然而，女性不一樣，她們想要很棒的體驗。不幸的是，對她們來說，交友的體驗可能很差，在網路世界尤其如此。女性經常被不想有任何往來的男性疲勞轟炸，能將這些訊息過濾掉的App，就是一隻紫牛。Tinder完全滿足了女性在網路交友上未被滿足的需求，因為App設計了一項功能（也可說是限制），只有在你和另一名用戶配對成功時，才可以傳訊息給對方。

這顛覆了網路交友世界的既有概念，因為在此之前，交友網站都只著重於讓用戶收到更多訊息。比方說我們為了提升營收，在九十天的衝刺期間思考如何使用戶收到更多回覆。當時我們加入了彈跳視窗，反而無意中破壞了女性用戶的體驗。

特別是對外貌姣好的女性而言，收到不喜歡的男性傳來騷擾訊息格外惱人。無論這些女性是否設定了理想的配對條件，例如只對身高六呎（約一百八十三公分）以上、具備職業運動員的體格、收入達七位數的男性有興趣，結果都一樣，她們還是會被身高五呎二吋（約一百五十七公分）、髮際線日漸倒退，窩居於老家地下室的啃老族傳來的訊息淹沒。

因為能夠幫用戶過濾掉這些討厭的訊息，使 Tinder 至少比其他競爭對手好上十倍，他們確實找到了市場突破點：讓女性只要一收到訊息，就知道那是她也感到有興趣的人傳來的，是一種很神奇的體驗。

愈快愈好

過去，在交友網站盛行的年代，針對習慣使用傳統交友網站的人，AYI 大幅改善他們的用戶體驗——原本需要數天或數個星期才能排定約會，我們幫他們縮短不少時間。然而，在這方面 Tinder 也做得更好。記得 Facebook 運用了數位相機的支援技術，來增進用戶體驗嗎？Tinder 則是導入 GPS 的功能。

當用戶在「玩」Tinder 時，這個 App 會藉助他們手機上的 GPS 功能，進而顯示離他們最近、可能會產生配對的個人檔案。若是用戶按讚的人也對他們按讚，只要彼此距離夠近的話，他們或許在幾分鐘內就能見面！這也是 Tinder 比其他網站好上十倍的地方。

為了證明這一點，我還邀請幾位朋友（包含男性和女性）進行實驗。畢竟，用戶使用交友網站的最初目的，就是為了和某個人一起出去約會。我請他們試著用各種交友 App，看看這些 App 多快可以使他們排定約會。在沒有任何預期的狀況下，他們都獲得相同的結果——Tinder 讓他們比其他網站更快見到交友對象。使用 Tinder 時，大多數都在兩小時內就和對方見面，其他網站則需要兩天或更久。換句話說，Tinder 實現了用戶核心目標——約會的速度確實比其他交友網站快上十倍。

爆炸性成長訣竅 67

你知道你們產品提供的主要服務比競爭對手出色多少嗎？它有好上十倍嗎？

經過改良的 CTA

很顯然，Tinder 的創辦人對網路交友先前被視為禁忌的特性非常了解。他們知道，必須移除如紅字般烙印在所有線上交友網站的 CTA 按鈕*。這些按鈕的內容通常像是這樣：「瀏覽更多單身人士的檔案！」我之前在酒吧裡遇到的那群女性會說她們在「玩」Tinder，最主要的因為可能是 Tinder 的 CTA 按鈕問她們：「要

* 譯註：Call to Action，是指以一張圖片、一個按鈕或是一段文字，吸引造訪網頁的用戶進行某個動作。「了解更多」、「立即前往」、「加入購物車」，都是常見的 CTA 按鈕。

繼續玩下去嗎？」它巧妙地運用文字，讓用戶覺得他們在玩遊戲，而不是使用網路交友服務。

我非常清楚這些出色的功能，再加上成長引擎策略，將帶領 Tinder 走向 AYI 永遠望塵莫及的境地。這實在令我感到沮喪，但我也無法改變什麼，就像我先前說過的，你只有一次機會可以留下第一印象。

大多數用戶對 AYI 都已經有既定印象。雖然我們網站的介面和 Tinder 並沒有太大的不同，他們（和另一家 Hinge）因為強調向左、向右滑動的技術，以及導入共同朋友與興趣的機制大受好評，但其實我們幾年前就已經推出這些功能了。另一個問題是，由於我們是付費制 App，所以很難像 Tinder 一樣吸引大學生和較年輕的目標用戶，然而想透過口碑宣傳獲得成長，這群用戶可謂極其重要。

11 創新者的兩難

「如果一項產品未來注定無法不同凡響；如果你無法想像，未來人們再度被你們的產品吸引……此時就應該明白，遊戲規則已經改變。不要再投資奄奄一息的產品，把獲利投資在開發新商品上吧。」

——美國作家與成功創業家，賽斯．高汀

當我完全了解 Tinder 的影響力之後，就清楚認識到必須找出使 SNAP interactive 重新成為創新者，而非追隨者的方法。

就如同我的朋友安德魯曾經告訴我，當一項藉由顛覆性技術快速成長的產品出現時（例如 Tinder 藉助 GPS 功能，顯示附近的潛在配對人選），人們往往會低估既有市場領導者衰退的速度（看看 Facebook 出現後，Friendster 和 Myspace 的狀況就知道了）。

我先前已經有過這樣的經驗——當 AYI 在 Facebook 上發布，並推出幾項顛覆性的網路交友功能之後，Hot or Not 和其他交友產業領導者的網站流量就被我們大幅瓜分。這自然讓我擔心 Tinder 的出現會使我們成為被淘汰一方，只是就算可以預見 Tinder 的快速崛起，我們又能做些什麼事呢？

就像過去遭逢其他事業危機時一樣，這次我也透過閱讀尋求啟發。在某個沒有特定行程的周末，我讀了克雷頓·克里斯汀生的《創新的兩難》。這本書的作者是全球最受推崇的權威大師，他在書中仔細闡述，大型或知名的公司要如何保有一席之地，並且持續創新。

我讀完後立刻有種感覺，真希望早幾年就看過這本書，因為我們已經經歷過太多書中提到的問題，帶給我許多痛苦。讓你們的核心產品和其他新產品共用資源，例如資金、人力甚至是辦公室，通常會使後者表現差強人意。我們當初嘗試推出新產品會失敗，有以下幾個原因：

✸核心產品需要持續關注。

如果核心產品的營收持續下滑，就會像AYI一樣，總是有新冒出的火苗需要撲滅。因此，若是賺錢的主力產品和新產品共享資源，就會一直把時間和心力花在滅火上。主力產品正在走下坡，卻持續在短期內無法帶來營收的新產品上投注人力，是極不恰當的。

✸KPI使士氣低落。

對新產品團隊貌似巨大成功的項目，就整體而言，卻顯得表現較差。

✸讓最棒的員工從事最有發展性的工作，而不是面對最大的問題。

我們的核心產品貢獻了百分之百的營收，卻嚴重下滑，但是我們不會讓最棒的員工處理這個問題。因為這樣一來，員工們就無法創新，成功的新產品也永遠不會誕生。

✸優秀的人才總是在尋求新挑戰，使他們保有這種渴望是執行長的任務。

對我來說，避免AYI持續失血、減少百分之三至五的獲利，是項有趣的挑戰，因為這代表我們的獲利將提升至一百萬美元左右。儘管如此，對優秀的工程師而言，比起維持公司財務健全，在工作上迎接挑戰有趣多了。請記得，金錢無法驅動大多數的人才，尤其工程師和產品經理更是如此。一直要他們專注在細微的想法上，只會使他們失去興趣並變得消極，畢竟，光是網站上的一個按鈕，就有很多顏色可以測試。

✸必須將新產品的財務資源獨立出來。

當我們核心產品的營收持續下滑時，繼續在新產品上燒錢變得很不恰當。最主要的原因在於，增加任何投資時，核心產品都能立即且明確地算出投資報酬率，但新產品還處於未知狀態，所以無法明確算出投資報酬率。然而，大家都知道增加在新產品上的投資，會提升公司的資金消耗率，只會增加更多財務壓力。

很多人都不能理解，我們怎麼可以裁員，卻又繼續在無法在短時間內產生回報的實驗性產品上燒錢（這怎麼能怪他們呢？）。處理這個問題最好的方式，就是為新產品開設一個專屬帳戶。這樣一來，若是由於不可抗力的因素，必須降低對新產品的投資，至少要這麼做的難度變高許多，因為錢都存放在不同的帳戶裡了。

爆炸性成長訣竅 68

你是否讓最優秀的員工從事最有發展性的工作，而不是面對最大的問題？

爆炸性成長訣竅 69

開發一項新產品時，為它開設專屬資金帳戶。你們的產品是否都有各自的專屬帳戶呢？

綜觀克里斯汀生這本書，有許多案例分析都在講述，某些公司如何克服這些關鍵問題。書中告訴我，基本上，為了解決目前面臨的問題、創造出嶄新的產品，我必須進行內部創業。我需要一個專責團隊，這個團隊有獨立的ＫＰＩ，同時在明確的預算規範下，進行新產品的開發，僅此而已。另外，我也必須調動最優秀的員工，讓他們從事最有發展性的工作，而不是面對最大的問題。這將是一大挑戰，因為新專案短期內無法創造營收。

新創 2.0

周末後的周一早上，我一到公司就馬上召開會議。我的員工多半知道，這樣做就表示我周末讀完了一些書。我跟大家解釋，我們必須開始一項新計畫，並且為此成立一個專責團隊。一開始，他們很不喜歡這個構想，但明白為什麼要這麼做，所以最後接受了。這也意謂著我可以再次投入創新，擺脫執行長枯燥乏味、一成不變的責任，也就是竭盡所能地使 AYI 擠出所有營收，重拾創業家精神。

創新的熱情在我的心中重新燃起。我找上當時的營運長亞歷克斯・哈靈頓（Alex Harrington），向他提出一個提案：我希望他能接任執行長。我想要完全專注在新產品開發上，必須心無旁騖才有可能成功。我也決定自己減薪百分之五十，然後把多出來的錢投資在新產品上，進一步讓這項計畫更像是新創團隊的案子。非常幸運的是，他同意了。除了具備管理長才，他也曾經營過一家名為 MeetMoi 的線上交友網站（後來被 Match.com 收購），在這方面有深厚經驗。

優秀的人才再度為公司帶來巨大優勢。從表面上看來，這像是一項重大改變，但從內部來看，卻完全是無縫接軌。因為我們運用的是公司現有的人才，他已經熟知所有執行長應盡的責任，特別是 SNAP Interactive 的內部運作。這個舉動更傳遞給全公司一個訊息，那就是我們的新產品極其重要，必須為此認真努力。

女性不喜歡在網路上被騷擾（不然勒？）

我們必須先深入了解這些滑動式App為什麼如此吸引人，於是開發出像Tinder一樣容易操作的新產品，以此貼近女性用戶的需求。我們將這項產品稱為「Mutually」，不過諷刺的是，Mutually根本就是舊版AYI的翻版，就是免費版的AYI再加上一些小修改。

很快地，數據證實了我們一直以來的猜想。女性用戶的體驗大幅改善，因為她們不會收到來自怪咖傳來的騷擾訊息。用戶留存率很高，但Tinder的聲勢已在這時大爆發，我們必須做出關鍵差異，也就是一隻紫牛。

「露鳥照」

在我們試圖用新產品重新定位自己的同時，我的一些女性朋友告訴我，她們在使用網路交友App時，常收到一些不正經的照片和訊息，其中有三個人，甚至還曾經收到所謂的「露鳥照」。不難想像，這類照片通常都伴隨著一些粗俗無禮的訊息，這些訊息露骨到連作風前衛大膽聞名的瑪丹娜看到都會臉紅。

大多數男性都不會對傳出這樣的訊息感到羞愧，因為他們不知道和異性互動的規範是什麼，甚至對她們產生不切實際的妄想。

火上加油的是，我們發現這已經變成了一種比賽，用戶們會彼此競爭，看看誰獲得比較多的配對。這表示，男性用戶基本上會對每一名女性用戶按讚（向右滑動）……事實上，本來就有近半數的男性都會這麼做。為了在這場競賽中勝出，男性用戶會傳送極具挑逗性的訊息，試圖使自己顯得「與眾不同」，並且得到回應。不幸的是，這種策略確實達成了他們一開始的目標——獲得女性用戶的回應，不過這些回應跟他們預期的可說是天差地遠。

在這些新推出的滑動式App裡，這種嚴重破壞女性用戶體驗的事仍舊持續發生，儘管各家廠商已經竭盡所能地排除這種狀況。

為了提供更好、更安全的網路交友環境，同時大幅減少這些令女性反感的體驗，我們進行了一項調查，試圖衡量女性在這方面的需求。調查結果顯示，網路交友App的女性用戶，有百分之九十都曾收到這些下流猥褻的「露鳥照」或其他類似的情色物件。這種行為竟然如此普遍，讓我們極度震驚。

經過這次調查，我們又開始集思廣益。我們已經開發出滑動式App，數據也顯示這個 App 有個好的開始。此外也得知女性用戶希望我們能針對糟糕的網路交友體驗，提供一個解決方案。所以該怎麼好好利用這些資訊呢？

答案很快就浮現出來。我們必須找出一個方法，確保用戶（特別是男性）對自己在交友網站上的言行負責。我們必須把那些令人厭惡的傢伙排除在外，並且提供安全可靠、和善有禮的交友環境。在網站上，不符合「標準」的行為都會產生相應的後果。我相信，我們這隻紫牛將為女性用戶提供不同凡響的體驗，她們才是最重要的。

錢關難過

不幸的是，發現這些重要事實的時候，公司正深陷股價低迷的泥沼。那時，Tinder 的股價十分火熱，反觀我們的營收依然持續下滑。很顯然，如果要使我們的新產品獲得成功，同時讓既有產品持續存活，我們必須募得更多資金。

我們在新產品上已經取得了重大進展，而數據分析方法也仍舊被視作業界表率。只是營收卻一直沒有起色，導致股價表現很差，無法在可接受的合約條件下獲得新資金。最後，我們只能以發行「可轉債」（convertible debt）*的方式，換取三百萬美元的資金。但相關合約條款裡包含了許多嚴苛的限制和要求。

其中一條言明，一旦銀行帳戶中的現金低於某個水平，我們就必須盡快償還債務。所以即便手上有錢了，也無法動用這筆錢，因為會受到嚴厲的懲罰。這種合約架構和伴隨而來的巨大壓力，嚴重牴觸對新產品進行投資時的原則——以長期成長而非短期收益為優先考量。

投資我們的公司保證，若營收表現允許，他們會支持我們的成長企圖，並考慮將那些限制移除。

儘管他們百般鼓勵，我們還是拚命交涉，希望能進一步放鬆加諸於我們身上的限制。遺憾的是，多數談判都以失敗收場，最後我們只能答應他們的要求，別無選擇。

* 譯註：指公司以發行債券的方式向投資人取得資金，將來債務到期、公司開始盈利，或是有新的投資人加入並進行新一輪募資時，公司再把資金還給投資人，是一種靈活的募資方法。

爆炸性成長訣竅 70

請確認所有潛在投資人都和你們公司的策略與願景完全符合。可以向那些投資失利的公司取經，看看當情況變得艱困時，投資人通常會有什麼反應。

爆炸性成長訣竅 71

舉債是極其危險的，如果可能的話，一定要避免這麼做。

即便被諸多限制和要求束縛，我們還是繼續開創新事業。一個很棒的構想正在醞釀，我們也準備將新產品推到市面上。這項產品可以解決女性在使用網路交友服務時遇到的棘手問題，一家公司裡出現一隻以上的紫牛，是很少見的。

12 打造「The Grade」

「創業代表你必須成功解決問題，
而解決問題意謂著傾聽。」

——成功的創業家、投資者與慈善家，
理查・布蘭森（Richard Branson）

女性需要絕佳的網路交友體驗，擺脫那些討厭鬼的干擾，The Grade應運而生。我們把 The Grade 形容成一個由優質單身人士組成的社群，他們不僅深具魅力，也能言善道、彬彬有禮。

我們設計出一套演算法，這套演算法根據一些因素（其中包含傳送給其他用戶的訊息內容和品質），來為用戶評分。像是露鳥照或任何形式的性暗示等越界行為，都會嚴重影響一個人的分數。我們發現，糟糕的文法和拼字錯誤也令女性十分反感，因此這些項目也會被扣分。

如果你的分數落在所有用戶的後百分之十，你就會得到一個「F」，並暫時「留校察看」，若是你的行為沒有改善，將永遠不得再使用這個 App。有了這套機制，The Grade 成了第一個能真正確保用戶對自身言行負責的線上交友平台。

爆炸性成長訣竅 72

把注意力放在建立解決方案，而不是開發新產品或新功能上。

The Grade 才剛推出就一飛衝天。主流媒體，例如《華爾街日報》、BuzzFeed、美國廣播公司新聞網、《今日美國報》、《時代雜誌》、《紐約郵報》、

Refinery29、《柯夢波丹》和《Vogue》，都寫了許多相關報導，讓它的知名度迅速提升。

過去我們學到，獨特賣點很重要，善用數據、藉助具有爭議性或被視為禁忌的事，都對觸及女性用戶極有幫助。為了使 The Grade 的知名度繼續竄升，我們持續撰寫數據故事，幾乎每一則都在網路上大肆瘋傳。

媒體頁面很重要

我們非常明白媒體的重要性，因此在 The Grade 的官網上建立了一個詳實的媒體頁面，提供以下關鍵項目供各家媒體快速參考：

- 提供能快速下載 App 的連結。
- 以吸引人的產品訊息，說明這個 App 為什麼很獨特。
- 提供關於網站特殊用途的數據。
- 講述關於創辦人的故事。
- 講述關於產品緣起的有趣故事。

* 提供高解析度的螢幕截圖。
* 用影片說明如何使用這項產品。
* 彙整有趣的常見問題集（FAQ）。
* 加入社會認同（soial proof）* 的要素（引用主流媒體的報導）。
* 提供快速聯繫我們的方法。

不讓媒體頁面變得枯燥乏味或一成不變極為重要，所以我們會持續更新。每當我們在社群媒體上造成轟動時，都會將它放在頁尾作為參考資料，以此證明我們的影響力。

爆炸性成長訣竅 73

你是否把你們公司所有的媒體和產品資訊（如上所述）都放在同一個網頁上，讓媒體隨時可以取用？

＊譯註：指一種群體影響力，基於這種從眾心理，個人傾向做出和他人一樣的行為，以此獲得群體的認同。

做好準備就能變得幸運

「做足準備的人可以創造好運。」

——詹姆斯・阿圖徹，美國創業家及暢銷書作家

我們曾經接到一家重量級電視台打來的電話，希望在黃金時段的晚間新聞裡報導The Grade的相關訊息，所以必須在一小時內，獲得關於這項產品的資訊和數據。我請他們直接參考網站上的媒體頁面，上面有螢幕截圖、產品緣起和影片可使用。因為能夠取得所有想要的資料，他們最後播出一段比預期還要長的報導內容，讓我們在紐約市獲得了數千名用戶。

光是讓媒體更容易取得想要的資料，我們就因此得到許多宣傳機會。媒體的工作時間總是非常緊迫，所以只要能協助他們快速取得重要資訊，他們都很樂意進行報導。

曾經有幾次，媒體想找一些用戶來談談我們的App。我們發現在緊迫的時間內，要找到能夠如實呈現品牌優勢的用戶，幾乎是不可能的事。為了解決這個問題，我

們事先計畫好找來一些「用戶」（有些可能是我的朋友），他們隨時都願意向媒體發表意見。也因為我們預先做好準備，同時也給媒體極大的方便，所以多次在媒體宣傳上獲得「好運」。

爆炸性成長訣竅 74

你是否有幾名「關係友好的用戶」，他們隨時都準備好向媒體發表關於你們產品的正面言論？

維繫與寫手的關係

在推出 The Grade 之前，我們也深知「維繫與寫手的關係」的重要性。媒體和所有人一樣都是偏心的，我們曾經因為沒有一群隨時可以幫忙的寫手，而失去一些宣傳 AYI 的機會。有了這樣的認知，我們為 The Grade 準備了一筆專用預算，定期和重要寫手見面、博感情，讓他們繼續分享我們的產品願景。也因為這些寫手對團隊和產品都很了解，後來發布產品更新消息時，這項策略發揮了很大的功效，也吸引大批媒體報導和曝光。

在你們公司裡舉辦和重要記者與部落客的見面會，讓這些社群工作者一起交流，談談他們目前正在進行的工作。你親自和重要的記者們見過面了嗎？

優秀的公關很重要

在推出並培育我們的新產品時，運用數據故事、維繫與寫手的關係，以及建立詳實的媒體頁面，都屬於「公關」的一環。我們甚至有一個出色的公關團隊，這個團隊是由SpecOps Communications的亞當・韓德斯曼所帶領，他不僅十分了解網路交友產業，也很熟悉新聞報導如何運作。

有次我在佛羅里達州度假時，接到公關人員打來的電話，福斯新聞台稍晚想邀請我在一個現場節目中露臉。這是非常棒的機會，但我人在邁阿密南灘，不可能趕得及飛回紐約受訪。他們建議我用Skype進行專訪，但基於諸多理由，這個方法也不可行。

這時，優秀的人才再度發揮助益。我們的公關說服對方更改訪問時間：「如果把專訪改到星期天晚上，我們就能準備得更充分，可以提供更新、更吸引人的資訊給你們。」他們回答：「好，我們覺得這個主意不錯。就這麼做吧！」

由於公關團隊火力全開，我們在推出 The Grade 後獲得了巨大的成功，只要維持積極動能，就能使這項產品繼續成長。

不再有討厭鬼

在推出 The Grade 之前，我們訂下的其中一項目標是要和 Tinder 相提並論，我們做到了，有非常多文章表示 Tinder 必須密切留意我們的進展。許多媒體讚賞我們「剔除網路交友討厭鬼」的機制，認為 The Grade 能作為 Tinder 以外的首選。《柯夢波丹》和《Vogue》等雜誌也刊載關於我們的報導，因為他們很喜歡這個概念。

我們明白女性才是關鍵因素，只要能夠提供安全的交友環境時，自然就會吸引她們使用。於是又進一步新增為用戶評分的功能，這項功能叫做「同儕審查」用戶可以依據和其他用戶的互動，選擇給他們「讚」或是「爛」。

為了確保評分不受其他因素影響——例如因為約會的進展不符期待心生怨念，或是前任情人企圖破壞名聲等等，我們依照用戶雙方的關係緊密程度（是否為

Facebook好友、傳送的訊息數量多寡等），實行一套加權制度。如此一來，萬一用戶被惡意中傷，只有少數人比「爛」，不見得會對他們造成傷害。另一方面，若是用戶老愛對別人比「爛」，這也會對他產生嚴重的影響。

這項功能成了獨門的三段式評分機制的一部分，此一機制會根據用戶的個人檔案、訊息傳送和同儕審查，從A至F給出評價。

The Grade所有的神奇指標都是正向的——真正的獨特賣點、很高的淨推薦分數，以及很棒的用戶留存率。我過去不曾在任何交友網站看過這樣的現象，包含AYI的全盛時期在內。然而，我們的團隊很小，卻必須與Tinder和另一個快速成長的競爭對手Bumble競爭，他們背後都擁有龐大的資源。

這些資源雄厚的競爭對手還有另一個優勢，那就是他們能完全專注在一項產品上。我們必須同時培育The Grade的團隊，並且對這項新產品進行投資，還得一邊支援AYI，這是一個很大的問題。

明明是不同的產品，卻不幸地被劃上等號

因為The Grade就像是在戰場上拖著AYI前行的士兵，我們光是要合理配

置現有預算就很困難。比方說，花在AYI上的行銷經費還是能夠立刻產生收益，但是花在The Grade上的行銷經費卻只換來下載次數和Instagram追蹤。此外，我也不想再犯以前AYI犯過的錯，太早改為付費模式，特別是當我們的競爭對手免費提供服務的時候。

也因此，要增加The Grade的行銷預算是不可能的，因為我們不想使銀行帳戶中的現金低於債務契約*裡規範的水平。一旦越過這道門檻，就必須開始盡快還錢，這樣我們手上的現金會燒得更快，這無疑是個死亡漩渦。

不幸的是，當我們向私人投資者尋求資金時，他們一直給予相同的回應：「如果The Grade是一家獨立的公司，我們絕對願意投資，因為用戶成長和留存率都很令人驚豔。但是它和AYI綁在一起，而且你們已經是上市公司，我們找不到投資的理由。」另一方面，上市公司的投資人只在意營收成長，他們也毫無興趣，因為他們只看到公司整體營收因為欲振乏力的AYI逐漸下滑。

這是我經歷過最沮喪的事：我們的新產品擁有所有正向指標支持（不騙你，當

* 譯註：債務契約是指企業經理人代表股東，和債權人簽訂用來明確規範雙方權利與義務的一種法律文書，包含各種貸款契約、債券發行契約等。

時所有精明的創投業者都同意這一點），但我們完全受制於AYI，對投資人而言，它又舊又無趣。

爆炸性成長訣竅 76

公司體制極為重要。對我們來說，作為一家上市公司確實有一些好處，但到頭來，它對我們的傷害遠比幫助還多。你們公司是否有任何結構性問題，阻礙了發展？你現在是否正在解決它們？

The Grade 和那些募得一千萬甚至是兩千萬美元的新創公司相比，關鍵指標都有更出色的表現，但這不重要，因為它被埋沒在更大型的組織底下。再加上我們是一家上市公司，所走的每一條路都必須進行嚴謹的法律諮詢、接受股東鞭策，並經過許多成本昂貴、繁瑣的程序，更別說有大量的寶貴時間都耗在這上面。好不容易走完流程，這才只是我們得以額外募資的開始而已，這些麻煩的步驟真是沒有意義可言。

當時，公司的行銷總預算大約是五百萬美元左右，其中大概只有百分之五花在 The Grade 上。可惜，因為最近這一次募資不順所加諸的限制，我們必須將預算縮減得更少。由於預算日漸減少，行銷策略必須比以前更巧妙，做法之一，是創造出更吸引人的數據故事，吸引人們使用我們的 App。另外，我們也鎖定特定部落格和意見領袖，藉此進行行銷。

數據故事 2.0

唯有運用我們的專業知識，撰寫出有趣且深具可讀性的數據故事，促進 The Grade 的成長才有意義。我們過去對 AYI 也是這麼做。事實上，當 The Grade 大受歡迎時，我們的數據故事比以前任何一篇故事都還要出色。

一張照片換來一千次約會

我們覺得，持續將我們的網站和大多數膚淺的交友網站區分開來，是很重要的一件事，因此我有了一個和用戶照片有關的構想。

我深信，若是照片可以好好展現出用戶的個人特質，他們不必是超級名模或職業運動員，同樣能大量吸引其他用戶的關注。為了證明這一點，我們做了兩件事。

首先，我們讓用戶能輕鬆看出哪一張照片的成效最好。這項功能叫做「照片相關統計」（Photo Stats），可針對上傳的每一張照片提供數據。雖然真相有些殘酷，但用戶都很喜歡，因為多數人原本都對自己的照片是好是壞不以為意。不過，或許這也不是那麼令人意外，想想過去有多少男性以為在照片中「露鳥」是個好主意就能略知一二。

「照片相關統計」功能的推出會是一項巨大的成功，因為它滿足了構成出色產品或功能的要件——找出人們做起來效率很差的事，然後設法使它容易十倍，並且達到同樣的效果。以這個例子來看，交友網站的用戶經常試著更換新照片，想看看哪些照片可以讓他們收到最多訊息。然而，沒有實際數據佐證，很難看出哪一張照片的效果比較好。我們將用戶因為每張照片被按讚或跳過的比例呈現出來，對他們而言，這項功能提供了龐大的價值。在推出「照片相關統計」的功能之後，其他幾個交友平台也加入類似的功能。

接著，我們寫了一篇數據故事，說明張貼展現出個人特質的照片有多麼重要。我們將數萬張照片分類（旅遊、運動、彈奏樂器和寵物的合照等），並將每張照片的成效，和用戶所有照片的平均按讚率進行比較。我們直截了當地在標題中說：「你的照片說了什麼關於你的事？」

數據分析透露出的有趣事實廣受用戶歡迎，這篇故事立刻在網路上瘋傳。我們用數據證明，如果用戶花心思拍攝展現個人特質的照片，他們不必擁有高顏值，就能獲得更多配對。

其中效果最兩極化的照片類別是和狗狗的合照。大頭照裡出現狗狗的男性，被認為很會照顧人（女性顯然很喜歡這一點），被按讚率比平均高出百分之二十九。反過來說，若是女性的大頭照裡出現狗狗，男性會直覺推斷，這些女性會把毛小孩看得比他們重要，約會時不會把全部的注意力放在他們身上，而且可能會趕著回家照顧毛小孩，不願意續攤從事其他活動。大頭照中出現狗狗的女性用戶，被按讚率比平均低了百分之十九。

真是好樣的，各位男性同胞！我們很多人不只是討厭鬼，還需求不滿足、極度渴望得到關注！

來看一下完整的分析結果：

一張照片訴說千言萬語：你的大頭照說了什麼關於你的事？

女性		男性	
樂器	+29%	專業大頭照	+92%
體育活動	+21%	鬍子	+57%
比基尼	+8%	狗	+29%
正式服裝	+8%	旅行	+23%
帽子	+5%	樂器	+17%
自拍照	+2%	沒有笑	+16%
露乳溝	+1%	體育活動	+13%
專業大頭照	+1%	墨鏡	+12%
旅行	+1%	眼鏡	+1%
沒有看鏡頭	0%	自拍照	+0%
沒有笑	0%	酒	-6%
墨鏡	0%	刺青	-8%
酒	-6%	赤裸上身	-15%
團體照	-13%	體育場	-16%
眼鏡	-14%	正式服裝	-21%
狗	-19%	沒有看鏡頭	-21%
體育場	-21%	帽子	-25%
刺青	-35%	團體照	-33%

這則故事似乎引起許多用戶的共鳴，知道什麼元素會使自己的大頭照更吸引人，是很有趣的一件事。很多人都把滑動式交友App看作一場比賽，大家會彼此競爭，看看誰最熱門（不管這種想法是否有道理）。不過，我認為這則數據故事證明，一張有趣的照片還是很管用的。

男性常被指責太膚淺，但他們最感興趣的大頭照類別，前兩名分別是女性彈奏樂器或唱歌，以及運動的照片（男性的按讚率分別比平均高出百分之二十九和百分之二十一）。這和普遍認知相反，我想我們男性在看待女性時，想的確實不只是性而已。

當然，因為第三名是比基尼照（嘆氣），我們不會為了這項分析結果特別邀功，但三分之二的比例還算不錯，對吧？

一個名字可以帶來什麼？約五億次瀏覽

我開始對造成數據故事暴紅的因素非常感興趣。很顯然，這絕非偶然或好運，我需要進行更多研究。就在這個時候，我找到了一本書——約拿．博格的《瘋潮行銷》。

這本書針對故事會暴紅的原因提供詳盡的說明，作者分析了很多故事，並且將它們的成功歸因於六項原則。這本書對我影響很大，我發現幾乎可以把這六項原則套用在任何事上。當我著手進行關於名字的數據故事時，就運用了這些原則。

剛好那個時候，我朋友試圖幫我介紹對象，對方是一位名叫亞歷克西斯（Alexis）的女性。我客氣地問：「請問她喜歡別人叫她萊克西（Lexi）或亞歷克西斯呢？」朋友回答：「她比較喜歡萊克西。」我說：「太棒了！」

因為我顯得很熱情，令她有點驚訝，便又問我：「為什麼你會這樣問？」我說：「嗯，名叫萊克西的女生都很迷人，但如果她喜歡被叫亞歷克西斯，那就不一定了。」

本來這個荒謬且沒什麼根據的聯想純屬我的個人經驗，但意外激發了我對下一則數據故事的構想——在The Grade上，特定名字的被按讚率是多少呢？

這則故事的緣起，是想看看特定暱稱，像是萊克西 vs. 亞歷克西斯、艾莉 vs. 艾莉森、麥特 vs. 馬修，或戴夫 vs. 大衛，哪一個會更吸引人，有意思的故事就這樣逐漸成形。

我從來不敢說，這篇故事在統計上具有顯著性，但它的確讓許多用戶很有共鳴。而且，事後也證實我一開始的聯想：「名叫萊克西的女孩，感覺比名叫亞歷克西斯的女孩更吸引人。」是對的！

以下是分析結果中，最熱門的一些名字和暱稱：

最熱門的女性名字				最熱門的男性名字			
	名字	男性向右滑動的比例（%）	最相配的名字		名字	女性向右滑動的比例（%）	最相配的名字
1	布莉安娜	70%	西恩	1	布瑞特	24%	潔西卡
2	艾瑞卡	69%	喬	2	泰勒	23%	珍妮佛
3	萊克西	67%	克里斯	3	柯瑞	23%	艾美
4	布魯克	65%	邁克	4	安迪	23%	瑪麗亞
5	凡妮莎	65%	泰勒	5	諾亞	23%	伊莉莎白
6	艾普爾	63%	湯姆	6	尚恩	22%	泰勒
7	娜塔莉	63%	強納森	7	傑佛瑞	21%	蜜雪兒
8	珍娜	62%	克里斯多福	8	羅伯	20%	莎拉
9	莫莉	62%	約瑟夫	9	法蘭克	20%	史蒂芬妮
10	凱蒂	61%	艾迪	10	傑夫	20%	艾蜜莉
11	蘿拉	60%	巴比	11	查克	20%	阿曼達
12	瑞貝卡	60%	傑瑞米	12	布蘭登	19%	麗茲
13	琳西	60%	丹尼爾	13	尼可拉斯	19%	艾美
14	泰勒	59%	西恩	14	葛雷格	19%	丹妮爾
15	艾莉	59%	安德魯	15	扎卡里	19%	夏儂

想看完整名單，並查詢你自己名字的排名，請至以下網址：
http://www.explosive-growth.com/case-study。

最熱門的女性暱稱			最熱門的男性暱稱		
	名字	男性向右滑動的比例（%）		名字	女性向右滑動的比例（%）
獲勝者	艾瑞卡（Erika）	69.10%	獲勝者	麥可	12.70%
	艾瑞卡（Erica）	50.20%		邁克	12.60%
獲勝者	瑞貝卡	59.70%	獲勝者	戴夫	18.60%
	貝琪	22.50%		大衛	13.40%
獲勝者	妮基	50.10%	獲勝者	馬修	16.90%
	妮可	45.90%		麥特	15.40%
獲勝者	珍	54.30%	獲勝者	強納森	13.80%
	珍妮佛	44.90%		喬恩	8.30%
獲勝者	莎拉（Sarah）	53.70%		強尼	13.50%
	莎拉（Sara）	45.20%		喬恩	10.10%
獲勝者	艾莉（Aly）	59.00%	獲勝者	瑞克	17.10%
	艾莉森	57.50%		理查	7.00%
	艾莉（Ali）	51.50%		瑞奇	15.50%
	艾莉（Allie）	50.40%	獲勝者	傑佛瑞	20.90%
獲勝者	伊莉莎白	58.90%		傑夫	20.00%
	麗茲	47.60%	獲勝者	喬許	12.10%
獲勝者	凱蒂	60.80%		約書亞	7.40%
	凱薩琳	59.00%	獲勝者	史蒂夫	13.20%
	凱特（Kat）	47.10%		史蒂芬(Steven)	12.60%
	凱特（Cat）	54.00%		史蒂芬(Stephen)	11.70%
獲勝者	萊克西	67.00%	獲勝者	克里斯多福	16.70%
	亞歷克西斯	41.30%		克里斯	14 .80%
			獲勝者	羅伯	20.40%
				羅伯特	10.30%

一個辣到冒煙的布莉安娜就讓數據變得偏頗

在這裡，我要坦白一件和 The Grade 的數據故事有關的事。因為 The Grade 是比較新的產品，能分析的樣本數沒有像 AYI 那麼多。我還記得，當時有一名極具魅力的女性用戶，她名叫布莉安娜。平台上所有活生生、有血有肉、有鼻有眼的男性都對她按讚，因此光是她一個人，就使數據變得偏頗。不過，我想要鼓勵其他擁有更龐大用戶數的滑動式 App（嗯哼，就是 Tinder），重新運算相關數據，看看布莉安娜和布瑞特是否還是交友網站上最受歡迎的名字。

具體而言，這篇故事會暴紅，是因為運用了博格書裡那六項核心原則中的幾項。首先是觸發物（trigger），也就是一個人的名字，再來是情緒（根據戴爾．卡內基的經典著作，《人性的弱點：卡內基教你贏得友誼並影響他人》所言，人們最喜歡聽到的，是自己的名字），此外，我們還運用了社交身價和實用價值。

推薦書單

約拿．博格，《瘋潮行銷》。

你和你的所有員工是否都已經讀過約拿・博格的《瘋潮行銷》？沒有的話，快點讓每個人都讀一讀！

我們盡可能蒐集各種名字的按讚率，以便取得足夠的數據。每個人都想看自己的名字有多熱門，但或許也給了他們這樣的藉口：「你看吧，我的名字是米爾豪斯，叫這個名字的男性就只有這麼多人按讚而已。」又或者，如果他們的名字是米爾豪斯，隨時都可以把它改成史東、布萊德、法比歐或其他受歡迎的名字。無論如何，我們的公關公司都說，這則故事獲得了五億次瀏覽，這種迴響已經不只是瘋傳或暴紅，而是已經蔚為流行。

在大型網站中開闢出一條路來

有兩家網路雜誌，「Refinery29」和「Elite Daily」以女性為主要讀者群，這當中有一部分是我們的核心目標族群，也就是二十、三十幾歲的單身女性。

這兩家雜誌對網路交友多有著墨，然而即便我們密切鎖定他們，他們卻很少報

最受歡迎的單身女性都看哪些網站？

	被按讚率	用戶（人）	用戶等級
Refinery29	64%	363	A+
Elite Daily	60%	586	A+
Jezebel	60%	92	A
《哈芬登郵報》	58%	419	A
《每日郵報》	57%	64	A
Gawker	52%	141	A-
Mashable	51%	360	A-
《商業內幕》	50%	386	A-

導我們。

在經過腦力激盪會議之後，有人提議我們應該試著把這兩家雜誌放進數據故事裡，我們可以嘗試用數據說明，哪些網站或大型部落格擁有最具魅力的讀者。

幸運的是，我們原先的猜想是對的，The Grade 的用戶中，Refinery29 和 Elite Daily 的讀者被按讚率是最高的，可以證明這兩大網站擁有最具魅力的讀者。

我們用這些數據寫了一篇文章，結果 Refinery29、Elite Daily 以及文章中提到的其他網站，都特別報導了這篇新聞。

用正向、有趣的方式，將你鎖定的網站、部落格或意見領袖放進數據故事裡，他們可能會因此與你聯繫！

意見領袖行銷

現今意見領袖行銷十分流行，這是有原因的。我們為了宣傳 The Grade 這項新產品，與 YouTube 和 Instagram 上的意見領袖合作時，明白了其中的道理。

這些意見領袖多半是在線上交友網站上，很容易遇到討厭鬼騷擾的使用者。知名網紅蘿倫・烏拉塞克（Lauren Urasek），可說是網路交友世界最有影響力的人物，她在交友網站 OKCupid 上被評選為最受歡迎的人，平均每天會收到三十五則交友訊息，三個月內就有超過一千五百名 OKCupid 用戶給她四顆星以上的評價（她後來把這段經歷寫成了一本書）。她的觀點和我們完全一致，也認為女性追求的是更美好的網路交友體驗。

當蘿倫在美國廣播公司的晨間新聞節目《早安美國》中露臉時，曾提到除了 Tinder 之外，我們也是很好的選擇。這不僅使 The Grade 成為 Facebook 上最熱門的話題，以及Apple App store中搜尋次數最多的關鍵字，並讓我們取得數千名新用戶。

即便只有微薄的行銷預算，但是透過大力行銷具有爭議性的數據故事、鎖定重量級網站，以及和網路交友產業中富有熱情的意見領袖密切合作，The Grade持續藉由口碑宣傳獲得驚人的成長。然而，這一路走來十分辛苦。

我們努力克服最近一次募資帶來的沉重壓力，經常設法在新舊產品之間取得平衡（也就是營收vs.成長）。我們竭盡所能地使AYI存活下來，同時也試著讓The Grade發揮所有潛力。總而言之，我在SNAP Interactive的職業生涯一直都充滿挑戰。

推薦書單

班·霍羅維茲，《什麼才是經營最難的事？》。

13 重新啟動

「想邁向成功，就必須意志堅定地採取大量行動。」

——美國作家、創業家、慈善家及人生教練，

東尼・羅賓斯（Tony Robbins）

就在卸下執行長職務、一心專注於 The Grade 後不久，某些改變我一生的事發生了，也因為這些事件，讓我萌生了重啟職涯的念頭。

第一個事件發生在二〇一五年六月二十九日，我的父親（他是我創立這家公司時的靈魂人物）突然去世了。這個重大事件不僅徹底改變了我，也讓我後退一步，好好看清楚自己的生活，思考什麼是人生中真正重要的事。我了解到，享受職涯並過得開心，對我的事業成功和自我滿足都很重要。

釋放我的內在力量

喪假結束、回到公司上班之後，我依然意志消沉，這可不是投入工作就能忘懷的。工作還是我生命中很重要的一部分，也幫我不再胡思亂想，但是一想到往後生活和工作上，父親不再陪伴於身邊，心裡仍舊感到苦澀。

我的好友安德魯·韋瑞契建議我去參加東尼·羅賓斯的課程。他多年前參加這項課程後，人生發生了巨大的改變，我也記得過去不乏成功人士分享類似的經驗，所以決定去試試。

這項課程的名稱是「釋放你的內在力量」，結果它成了改變我人生的第二個事件，對重啟職涯產生重大影響。課程為期三天，當中結合一些重要訓練，藉此獲得清晰的思路、集中注意力，並且讓我意識到，到底什麼事情能令我充滿熱情與活力。如此一來，就能實現我的人生目標。

課程裡的第一個主題是「達到巔峰狀態」，那是一種強而有力且正面積極的心理狀態，可以幫助你過得更滿足而充實。光是這項訓練就改變了我的人生，因為它帶我重新回到過往充滿負面思考的時刻，使我明白這樣的心態如何影響我的決策。察覺到這一點之後，我突然發現，在進行關鍵決策時保持巔峰狀態有多麼重要。突然間，我覺得自己能克服任何困難，決策品質能因此變得更好。

在巔峰狀態下，我開始懂得什麼是東尼所說的「終極成功方程式」。我仔細探索這個方程式，了解什麼是我想要的結果、我對什麼事滿懷熱情，以及原因是什麼。在這段探索過程結束後，我已經可以想見，人生在未來數周、數月、數年會是什麼樣子。

瞥見未來的那一瞬間，對我來說是一項重大的突破。我發現自己愈來愈不快樂，而且隨著時間過去，狀況只會日漸惡化。最主要的原因在於，我不知道我們公司要怎麼重新取得競爭優勢——這就是華倫．巴菲特口中的「經濟護城河」

（economic moat）＊。

我們的獨特優勢「非常早就在 Facebook 上出現」，這幾年來已經消磨殆盡，現在網路效應又開始對我們不利。沒有了這些競爭優勢，我們的營收自然持續下滑。

打造護城河

我的偶像之一，華倫・巴菲特頻繁地提到，他只投資具備經濟護城河的公司。這種公司擁有巨大的競爭優勢，不可能輕易消失。

經濟護城河有許多不同的形式，包含高進入門檻、用戶的高轉換成本，以及智慧財產權（專利、商標等）、網路效應（LinkedIn、Facebook）等。這幾種公司應該能在數年內蓬勃發展，克服一些小困難（不管是自身的問題，還是經濟衰退所導致），並存活下來。基於獨特的競爭優勢，他們的獲利和市占率將得以維持。

＊譯註：意指一家公司維持競爭優勢，從而確保長期獲利和市占率的能力。

你們公司有護城河（可以長久持續的競爭優勢）環繞嗎？如果沒有，設法打造一個吧。

儘管我很享受 The Grade 的成功，債務危機依然迫在眉睫，這帶給公司很大的壓力，我必須盡快解決這個問題。此外，我也清楚了解到，我們無法將 The Grade 獨立出來，這個事實只是讓我更加悲慘而已。我心想：「這一切都不再有趣。」為什麼我還要繼續浪費時間？

經過東尼的這堂課，我更明白自己的熱情所在，應該馬上採取大量行動。我不能再慢慢等個一年半載，而是一旦腦海裡產生某種想法，且思緒極為清楚，我就得在這個想法消失前，立刻採取行動。為了產生足夠的動能，我必須大張旗鼓地行動，藉此實現目標。

與此同時，我們的債務即將在幾個月內到期，這樣的壓力也讓我完全沒有餘裕可以去做想做的工作。我只能任人擺布，這一點都不有趣，突然間，我明白該怎麼做了：

在我們還能掌控自己命運的時候，我必須賣掉這家公司。

兩個星期後，我和一位銀行業者見面。他介紹 Paltalk 創辦人兼執行長傑森・卡茨（Jason Katz）給我認識。奇怪的是，這一切發生得如此快速，因為先前我們已經花了一年多的時間和許多潛在買家會談，但都沒有結果。或許只是我還沒有準備好而已，現在回想起來，是東尼的課程讓我覺醒，使我準備好重啟職涯。

二〇一六年三月二十八日，我們第一次討論合併事宜，雙方在十月七日完成交易。那時我就知道，和 Paltalk 合併是正確的選擇，因為我們兩家公司的長期願景完全一致。他們也位於紐約市（而不是矽谷），這使得我們很快就搭上線，除了地緣關係，他們也因為持續創新而享有很高的聲譽，我們對此給予高度評價。

另外，他們也是運用語音通話技術 VoIP（Voice over Internet Protocol）的先驅，早在一九九九年，就率先推出結合好友名單的即時通訊軟體。Paltalk 同時也是視訊交談技術的世界領導者，這也讓他們在這樁併購案中成為特別吸引我的對象。

爆炸性成長訣竅 80

若是你想獲得更多，或是因為恐懼而裹足不前，去參加東尼・羅賓斯的課程：

「釋放你的內在力量」吧。

推薦書單
東尼．羅賓斯，《激發心靈的潛力》（Unlimited Power，暫譯）。

影像的力量

創新者的天性是「滑到冰球即將抵達的地方，而不是它目前所在的位置」*，以我們為例，我們始終相信，有一天人們會以影像作為網路通訊的主要方法，這當中也包含網路交友在內。即便沒有人確定這件事何時會發生，但在未來，一定會有某款交友App把目光放在影像的領域。他們熟練地揮舞著冰球桿，最後先馳得點，這只是遲早的事。

影像通訊是網路交友的「終極目標」，因為電子郵件、電話、簡訊甚至是照片等通訊方式，都無法使你在與某人面對面五秒鐘時，就獲得許多對方的個人資訊

* 譯註：這句話引自著名冰球選手韋恩．格雷茨基的名言。

（如果無法直接見面，影像通訊是最好的選擇）。

網路交友有個很大的問題，那就是人們太常欺騙——謊報身高、體重、髮量，以及其他特徵，他們貼的可能是二十年前的照片，當時本人比現在瘦十公斤，或是還沒有變成禿頭。但這些無法在進行視訊通話時造假，你的真實樣貌、增加的體重、日漸倒退的髮際線，都將無所遁形，問題在於，大家尚未做好全盤接受影像通訊技術的準備。

多年前，在sixdegrees和數位相機技術的發展上，安德魯也遇過類似的難題。其他交友網站也試圖提供影像通訊的選項給用戶，但基於某種原因，最後都徒勞無功。然而，大約是在去年，這樣的情況發生了改變。

在將影像分享擴展到大眾主流這件事上，Snapchat也許是最大推手。三十歲以下的族群，已經習慣用影像（而不是照片）記錄他們每天的生活點滴。交友網站要成功將用戶體驗和這些行為結合，只是遲早的事，這一天很快就會到來。

SNAP Interactive還面臨另一個問題，那就是開發影像通訊功能難度極高，不僅花費高昂，開發起來也很費時。一旦和Paltalk合併，這些難題都將迎刃而解。因為Paltalk已經有幾項以視訊交談為中心的大型產品，他們已經是這方面的專家了。

達成協議

在不到六個月的時間內，SNAP Interactive 和 Paltalk 以全股票交易的方式完美合併。根據協議內容，Paltalk 同意幫我們清償三百萬元美金的債務，這對我們極為重要。合併後的新公司將以我們的公司名稱「SNAP Interactive」，繼續在市場上交易。

Paltalk 本身是有獲利的，而且他們的營收是我們的兩倍以上，因此股份交換比例為百分之七十七比百分之二十三，朝對 Paltalk 有利的方向進行。作為回報，我和亞歷克斯．哈靈頓都將成為新公司的董事會成員。亞歷克斯．哈靈頓先前接替我成為執行長，他也將在合併後的新公司繼續擔任執行長的職務。

最後，這場交易進行得十分順利。因為我們兩家公司有一個共同的願景，那就是藉由互補性產品，開創影像通訊的美好未來。

「時髦」的公司名稱

在我們合併之後，Snapchat 正好申請上市，他們也將公司名稱由 Snapchat 改成了 Snap, Inc.（而我們公司的正式名稱是 Snap Interactive, Inc.）。當 Snap, Inc.（也就是 Snapchat）申請 IPO 時，我們的股價突然暴漲！投資人應該是把 Snapchat 的新名稱和我們公司搞混了，我們的股價從每股四元美金一路飆升至每股二十元美金。媒體又再度蜂擁而至，這樣的混淆「趣談」成了彭博新聞社、CNBC 財經台、《財富雜誌》以及其他幾家新聞媒體的頭條報導。

第二次歐洲之旅

第一趟歐洲之旅讓我獲益良多，開拓了我的視野，懂得欣賞各種不同文化的差異（即便某些差異很細微），這是一次非常棒的體驗。我原本承諾自己，三十歲前要再來一趟歐洲之旅，只是這個承諾並沒有實現——不過，年齡只是個數字而已。

在和 Paltalk 合併後不久，我又再度前往歐洲，這一次花了四個星期的時間，跟很多有趣的人交談，如果我還深陷在公司悲慘的處境裡，是不可能遇到他們的。回到家一周後，我又進行了另一次為期四周的旅行。

旅行期間，我從世界各地的人身上聽到許多有趣的想法，我打算一輩子保有旅遊的習慣、不斷地拓展新視野，這將使我的公司變得更棒，也讓我擁有更好的生活品質。

下一步是什麼？

二〇〇五年我從雷曼兄弟離職之後，發生了很多事：

- 和許多傑出、優秀的人一起工作，我感受到不可磨滅的快樂。
- 一星期賺進七千八百萬美元。
- 幾年內，我又逐漸失去了這些錢。
- 我們公司曾經成為許多主流媒體和電視節目的頭條新聞。
- 我看見了一、兩隻紫牛。
- 我獲得「年度創業家大獎」提名。
- 我受邀為納斯達克股市敲開盤鐘。

- 我真的拒絕了馬克・庫班的合作提案嗎？
- 我讀了一大堆書。
- 在公司經營和生活上，我都學到很多寶貴的經驗。

儘管我學到許多關於打造、發布並最佳化產品的經驗，但更重要是，不要太執著於細節。專注於長期策略，把目光放在創造長遠的價值上是極其重要的，更具體地說，這些經驗教會我：

- 如何在大型組織中創新。
- 建立並保有經濟護城河非常重要。
- 打造健康的公司文化，讓所有員工都擁有強大的使命感和共同的願景。
- 僱用並設法留住一流人才，這些人的價值比其他人高上百倍。
- 抱持健康、正向的心態，以實現終極目標。
- 債務利上滾利的危險性。
- 見好就收的重要性。

我在第七章末提到最後一點，我談及我們的第一次大型募資。我想，這對所有懷抱雄心壯志的年輕創業家來說，應該別具意義。

在那次交易完成後，SNAP Interactive 的股價依舊走勢強勁，甚至在接下來的一個月，翻漲了一倍。過了整整一年，我們的股價還是維持在成交時的價位，這表示公司的市值約有八千萬美元左右。這些錢是公司成功換來的，我有大把的時間可以把它們放進口袋，卻沒有這麼做。

二〇一六年年末，我們以全股票交易的方式和 Paltalk 合併時，股價從二〇一一年二月十五日的最高點（每股四點五美元），下跌了超過百分之九十七。別忘了，我先前可是一股都沒有賣，這讓我在帳面上損失一億美元以上……我強烈建議你，不要犯和我同樣的錯誤，請在你還能掌控的時候，把手上的股票換成現金，哪怕只是一小部分也好。

不過，我還有一線希望。因為成為新公司的董事會成員也擁有很大的發展性。透過這些寶貴的教訓，我將帶領公司更上一層樓。

開創一份新事業，看著它經由不斷創新和辛勤工作而成長茁壯，使團隊成員擁有更好的生活，一直是我的熱情所在。但憂慮需要償還的債務、讓投資人掌控我的命運，一點都不吸引人。現在，我擁有自由和嶄新的觀點，可以再次創造出獨特的事物。

很快地，我就會用這十一年的經驗和知識帶領另一家新公司，希望它能達到更高的境界。與此同時，你可能會看到我在我的新「車庫」裡，持續創新、改進，並探尋如何讓事物變得更好。我也會睜大眼睛，繼續尋找下一隻紫牛。

請至以下網址取得更多關於爆炸性成長的資料：http://www.explosive-growth.com

在社群媒體上追蹤我：@ExplosiveGrowthCEO, @ CliffLerner, #ExplosiveGrowthTip

附錄／

傑森・卡茨的寶貴經驗傳承與關於收購公司的中肯建議

在寬頻、DSL和無線網路（Wi-Fi）出現前，我們是透過一種叫做「撥接」的古老技術，經由28.8K的數據機連上網路的。一九九八年，手機主要還是用來交談，簡訊這種東西並不存在，更不用說，根本還不知道Snapchat在哪裡。那時，AOL網站的即時通訊服務，是極少數可以使用的即時通訊軟體，它也是大多數人唯一知道的網路服務供應商。然而，我馬上就看到即時通訊的市場。我很早以前就確信，這項技術將會改變每個人的未來。

我的「頓悟時刻」出現在我用即時通訊軟體和朋友討論滑雪之旅的相關計畫之時，這促使我創辦了Paltalk。當時，我兩歲的兒子做了那個年紀的小孩常會做的事，他跳到我身上，讓我無法用手打字。我心想：「為什麼不能用語音代替文字輸入呢？」

那個時候，還沒有任何即時通訊軟體預設以語音取代打字。於是我創立了

AVM Software，並且以 Paltalk 這個別稱註冊。我獨資經營這家公司一年多，找來一些優秀的軟體開發者，然後在一九九九年一月時，以免費軟體的形式，在 CNET.com* 和其他類似的網站上發布。使用者喜歡我們最初發布的軟體，這個軟體迅速普及，因為它不僅品質優良，也使人們得以免費和世界各地的人交談。接著在二〇〇一年，網路泡沫破裂，二〇〇八年，又因為次級房貸問題，引發金融危機。然而，不像其他科技公司，我們在這兩次經濟災難中存活下來，原因在於我們是有獲利的。

經驗傳承

1. 現金流的重要性

那些二〇〇一年因為網路泡沫而倒閉的網路公司，收入來源都是點擊才需付費的廣告。我們則是將收費項目放進軟體裡，我們提供免費下載、免費語音通話、免費影像播放的服務，但若是你想經由影像看到其他人時，就必須付費。從那時開始，我們就一直保有這種免費增值（Freemium）**的模式。現金持續流入，而且我們完全獨立經營。雖然我們也透過創投業者募得可觀的資金，但只要軟體繼續提供服務，不管世界怎麼變都無所謂，因為我們能靠自己賺錢。

2. 在地化

我想跟所有軟體開發者強調很重要的一點，那就是身為美國人，往往會傻傻地以為，世界上的每個人都說英語。事實上，大多數網站都指出，全世界有超過百分九十的人母語不是英語，雖然這件事令許多美國人感到震驚，但事實就是如此。有了這樣的認知，將你的軟體在地化會帶來龐大商機，特別是在遠東地區，那裡的開發中國家，像是印度和中國，人口都為數眾多。自從幾年前學到這一點之後，我就因此獲得了巨大的回報。

3. 卯足全力

多年前，我曾經在一個名為「Voice on Net」***的座談會上發表談話。當時，有一位聽眾問我對 Skype 有什麼看法，我覺得這個問題和主題無關。這是一個錯誤，我也為此付出代價。那時 Skype 才剛推出，對我會有什麼影響？我根本沒有聽過這

* 譯註：CNET 集團旗下的網站，提供權威性的各式產品、新網路技術與趨勢報導服務，以及免費軟體下載。

** 譯註：一種商業模式，讓用戶可以免費使用軟體的某些功能，但需要進階服務或虛擬物品時則須付費。

*** 譯註：美國 AT&T、MCI 等十二個主要電信公司所籌組的聯盟，合力促進美國網路電話相關立法，同時大力推動網路電話。

個東西。

社會大眾怎麼看 Skype 呢？大多數人都認為，Skype 讓人們可以在網路上免費和其他人通話。Skype 實際上做了些什麼？它讓人們藉由網路傳遞語音，使全世界的人都不需要支付昂貴的長途電話費。

在美國，我已經提供免費語音通話的服務，但在美國以外的地方，還沒有免費通話或低廉的長途資費方案。因為我忽視了這樣的細微之處，所以這些人選擇了 Skype。這也說明了在地化的需求是多面向的，而不是僅限於語言而已，不要輕視任何事，即便乍看那和你們的產業沒有什麼關聯。現在回過頭來看，我應該要卯足全力，雖然在當時要這麼做並不容易。

關於收購公司的建議

大多數公司在剛創立時，都會經歷一段快速成長期，但之後會逐漸發生各種狀況，這才是困難的開始。由於公司必須想辦法持續成長，這也是這些年來我收購六家以上公司的原因。

1. 現金流一直都很重要

公司可以用各種不同的方法，讓自己看起來更吸引人且適合收購。在這當中，利用現金流可能是最好的方式。收購有穩定現金流的公司，就像是買到績優股一樣。然而，若是買到一家不賺錢的公司，我就會準備長期投資，同時假定最後的投資回報率會達到我設定的目標。

2. 低風險、高報酬

如果一家公司的價格非常低，或是產品成效很好、具有發展潛力，也會吸引其他公司收購，換句話說，這種小額投資能夠換來高報酬。比方說，我曾經買下一家名為 Vumber 的公司，當時他們每個月的營收只有七千五百美元，我只花了約十萬美元收購，現在，這家公司每個月賺進六萬美元。因此，以這個例子來看，用很便宜的價格買下有成長潛力的公司，將發揮極大的功效。

3. 用交換條件獲得法律服務

當一家公司在進行併購時，通常都必須在法律諮詢上支出一筆可觀的費用。在創業初期，我很幸運曾受過律師訓練，所以知道創立並營運自己的公司，將會支出高昂的法務相關費用。問題是我沒有那麼多錢，可以在每次法律問題時都花錢找律師諮詢。因此，我找了一家律師事務所，用少量股權換取法律服務。另外，在推動併購案時，這家事務所必須同意針對相關諮詢費用設定上限。這樣的做法，能使新創公司在一開始還不穩定的時候，省下一大筆錢。

幾樁最大收購案的幕後原因

專為視障者設計的 App——HearMe 是我收購的第一家公司，那是一次資產收購（asset purchase）*。這項收購產生了很好的收益，但這不是我買下這家公司的原因，我會買下他們是因為我相信，我用很便宜的價格買到極具價值的創新技術和智慧財產權。

收購的時間點十分重要，我們是在二〇〇一年十二月進行合併，那時正好是網路泡沫破裂的時候。HearMe 是網路泡沫的受害者，我們願意用現金收購他們的資

* 譯註：公司收購可分為資產收購和股權收購（stock purchase）兩種。資產形式包含有形資產、無形資產和經營權；由於資產收購並非購買被收購公司的股份，不需要承擔其原有債務。

產，當時似乎沒有其他人願意這麼做。我們因此受惠，可以獨家取得這家公司的資產，其價值等同於創投業者提供了數億元美金的資金。

Camfrog是我主導的第二次大規模收購。這是一個理所當然的決定，因為他們沒有任何行銷花費（直到今天也還是沒有），卻能持續產生收益。他們有正向的現金流，就像先前說過的，這是我一直在尋找的收購標的。

這次合併有一件很有意思的事。當我們要接管時，他們還在銷售終身訂閱的服務，我沒有為此感到生氣，因為我也想要讓錢年復一年地流進來。只是如果用戶都購買終身訂閱服務，未來就很難賣出續訂方案了，所以在合併完成後，我們停止終身訂閱的服務。雖然使用者一開始不太高興，但是這項改變不影響已經購買終身訂閱舊用戶的權益，所以最後還是獲得接受。

再來，我會收購Vumber完全是為了取得這家公司的技術。這項技術可以讓用戶在不更換SIM卡的前提下，在同一支手機上使用不同的電話號碼，所以被稱作「Vumber」或「虛擬號碼」（Virtual Number）。我立刻愛上這種技術，看到了潛在需求：像是一家紐約市曼哈頓區的公司，除了有212開頭的手機號碼（註：曼哈頓區電話區碼），也想要一個213開頭的號碼（註：加州洛杉磯市的電話區碼），因為他們想到加州發展。此外，從社交層面來看，我覺得這或許是保護隱私的好方法，有些人可能會希望有一個交友專用的電話號碼，這樣就不需要把自己平常使用的號碼，告訴還不是那麼熟悉的人。

SNAP Interactive 為 Paltalk 的股東創造了資金流動的機會，因為他們是一家上市公司。另外，合併後的新公司成功執行我們的營運計畫，也為股東們提供了很大的上檔空間。儘管 Paltalk 在獲利、股息發放上有很好的表現，也已經在市場上相當長一段時間，股票卻無法真正進行交易，直到我們遇見 SNAP Interactive 為止。

不過，兩家公司都是各自產業裡的科技先鋒和創新者，才是我們合併最主要的原因。我們都位於紐約市，相隔只有幾條街的距離，同時也有共同的願景，那就是開創影像通訊的美好未來。我們有大量運用專利影像直播技術的互補性平台，這根本就是贏家方程式。

致謝辭

首先，我想要感謝 Book in a Box 的整個團隊。尤其是塔克・馬克斯（Tucker Max）和查克・奧布倫特（Zack Obront）說服我寫這本書，還有哈爾・柯利弗德（Hal Clifford）、凱薩琳・佩德森（Kathleen Pedersen）和大衛・凱西（David Caissie）不辭辛苦地付出，使這一切變為可能。

我要特別感謝我的兄弟達雷爾・勒納（Darrell Lerner），他給了我很大的幫助；花了無數個小時協助我撰寫、編輯、校對，以及其他諸多工作。

然而，我最想感謝的是所有的員工、投資人、朋友、公關人員、顧問、律師，以及其他信任我，並跟著 SNAP 一起冒險的人們，我對你們每個人都充滿感謝。

以下謹列出一些讓這一切變為可能的人：

Abby Ross, Adam Caplan, Adam Gries, Adam Handelsman, Adam Purvis, Aegis Capital Corp, Alan Cost, Alan Tepper, Alexaner Harrington, Ali Bennett, Alicia Raymond, Alina

Libova, Ana Berman, Ana Ledesma, Andrew Metersky, Andrew Weinreich, Arash Vakil, Arianne Perry, Aric Jacover, Arnie Owen, Ashek Ahmed, Ashley Williams, Benjamin Perroud, Botond Denes, Brian Balfour, Briana Amato, Brooke Hamilton, Bryan Packman, Byron Lerner, Caitlin McCabe, Caterina Correa, Cesar Bodden, Chris Mirabile, Chris Outram, Chrissy Fleming, Christina Metaxas, Christopher Nystrom, Christopher Jenkins, Christopher Mika, Craig Schwabe, Cyriel DiKoume,

Dan Kohn, Daniel Chapsky, Daniel Fasulo, Daniel Straus, Daniel Wharton, Darrell Lerner, David Bocchi, David Caissie, David Evans, David Fox, David Perry, David Raphael, David & Kelly Hantman, Derek Webb, Devashish Kandpal, Devin Cooper, Dirk Heikoop, Dmitry Moskalenko, Doug Lin, Edwin Iskandar, Ehud Cohen, Elena Shulman, Elisabeth Murphy, Emily Joyce, Eric Sackowitz, Eric Tjaden, Erty Seidel, Frank Jackson, Gary Burke, Gavin Castro, Geoff Brookins, Grace Paik, Greg Frantz, Greg Kramer, Greg Samuel, Gregg Jaclin, Hal Clifford, Hayden Vestal, Haynes and Boone, Helen Trieu, Howard Katzenberg,

James Murdica, James Supple, Jamie Fraser, Janna Biagio, Jason Dove, Jason Katz, Jason Kimler, Jason Markowitz, Jason McCreary, Jason Zwick, Jayson Gaignard, Jeff Cohen, Jeff Rosenthal, Jen Gilbert, Jenna Freed, Jennifer Bassiur, Jennifer Litt, Jennifer Wisinski, Jenny

Lerner, Jeremy Pippin, Jerry King, Jessica Tubbs, Jimmy Tubbs, Joanna Barber, Joe Jaigobind, Joel Miele, Jon Guido, Jon Pedersen, Jonathan Zaback, Joseph Austin, Joseph Russell, Josh Elman, Joshua Fischer, Judy Krandel, Justin Medoy, Justin Roman, Kathleen Pedersen, Katie Lambert, Kayla Inserra, Kelly Burke, Keren Lerner, Kevin Liu, Kimberly Bouton, Kristen Tubbs,

Laura O'Donnell, Lauren Bishop, Lauren Urasek, Leah Taylor, Lee Linden, Lisa Chin, Lisa Dubrow, Lonnie Rosenbaum, Lynn Simon, Lynne Lerner, Lyuba Shipovich, Mackenzie Mills, Mallory Prahalis, Man Hoang, Marc Perry, Maria Seredina, Mark Brooks, Mark Lesnic, Matt Barr, Matt Fry, Matthew Sadofsky, Mel and Linda Bernstein, Mel Tanenbaum, Melissa Tubbs, Michael Barany, Michael Dill, Michael Hartman, Michael Jones, Michael Petrovich, Michael Pritchard, Michael Sherov, Michael Worthington, Michelle Levine, Miguel Molinari, Mrudula Chakravarthy, Nazar Ivaniv, Neil Foster, Nicholas Disanto, Nick O'Neill, Nicole Hendrickson, Nicole Larsen,

Olivia Lin, Patrick Leary, Paul Cardillo, Paul Marino, Paul Wieckiewicz, Peter Cho, Phil Cardillo, Randi Kendler, Rashan Jibowu, Rebecca Iannaccone, Rianna Billington, Richard Anslow, Richard Howard, Rick Werner, Robert Brisita, Russ Kuchman, Ryan Faber, Samuel

Goodwin, Sarah McClitis, Sarah Meyer, Sean C. Cooley, Seth Godin, Shadi Garman, Sheldon Shalom, Sigma Capital, Stephanie Bhonslay, Steven Fox, Steven Surowiec, Susan Threadgill, Susan Wetzel, Tai Lopez, Taj Corinaldi, Tanoy Sinha, Teddy Lo, Thomas Carrella, Tim Rogus, Tom O'Shea, Tucker Max, Wei Kin Huang, William Leach, Wilmary Soto-Guignet, Yoonjin Lee, Zack Obront.

國家圖書館出版品預行編目（CIP）資料

爆炸性成長：一堂價值一億美元的「失敗課」/
克里夫・勒納著；実瑠茜譯. -- 初版. -- 臺北市：
遠流, 2019.10

面； 公分

譯自：Explosive growth

ISBN 978-957-32-8649-3（平裝）

1. 企業經營 2. 企業管理

494 108014948

爆炸性成長：

一堂價值一億美元的「失敗課」

作者／克里夫・勒納
譯者／実瑠茜
總編輯／盧春旭
執行編輯／黃婉華
行銷企畫／鍾湘晴
封面設計：Alan Chan
內頁設計：Alan Chan

發行人／王榮文
出版發行／遠流出版事業股份有限公司
地址：臺北市南昌路二段81號6樓
電話：（02）2392-6899
傳真：（02）2392-6658
郵撥：0189456-1

著作權顧問／蕭雄淋律師
2019年10月1日 初版一刷
新台幣定價380元（如有缺頁或破損，請寄回更換）

ISBN 978-957-32-8649-3

YLib 遠流博識網
http://www.ylib.com
E-mail: ylib @ ylib.com